엄마가 만드는 아이 옷

contents

O

백크로스 양면 조끼(분홍)

작품 26쪽 / 레슨 70쪽

P

백크로스 양면 조끼(회색)

작품 27쪽 / 레슨 70쪽

Q

세일러 셔츠(분홍)

작품 28쪽 / 레슨 72쪽

S

세일러 셔츠(파랑)

작품 29쪽 / 레슨 72쪽

R

반바지

작품 28쪽 / 레슨 74쪽

T

리넨 셔츠

작품 30쪽 / 레슨 76쪽

W

꽃무늬 셔츠

작품 34쪽 / 레슨 76쪽

U

라운드 셔츠

작품 32쪽 / 레슨 78쪽

Message

딸의 옷을 처음 만든 것은 아이가 9개월이 되었을 무렵입니다. 보라색 잔 꽃무늬 원단으로 만든 블라우스였지요. 딸에게는 여자아이다운 옷이 그다지 어울리지 않았지만, 어쩐지 그 블라우스만큼은 분위기와 잘 맞아서 입혀 놓으면 따스하고 행복한 기분이 들었던 생각이 납니다.

이 책에 실린 옷들은 그때의 기억을 떠올리며 만들었습니다. 티 없이 순수한 어린 시절이니만큼, 엄마의 애정을 담아 손수 만든 옷을 입혀 주고 싶어요. 그 옷은 지금뿐 아니라 앞으로도 계속 추억으로 남는 특별한 옷이 될 테지요.

enanna 아사이 마키코

Dolman one-piece

돌먼 원피스

봉긋한 소매가 귀여운 돌먼소매* 원피스.
뒤판은 단추로 잠그는 디자인입니다.
화사한 색상의 원단이 잘 어울린답니다.

*진동을 깊이 파고 소맷부리로 갈수록 좁아지는 헐렁한 소매

만드는 법 36쪽
실물 크기 옷본 A면

Frill sleeveless blouse

B

프릴소매 블라우스

절개선에 주름을 잡은 몸판에 프릴처럼 달린 소매가
여자아이답고 귀여워요. 민소매 느낌이 나는 블라우스예요.

만드는 법 44쪽
실물 크기 옷본 A면

6

Gingham check one-piece

C

옆폭 달린 원피스

단순한 모양의 원피스지만 몸판 옆에 옆폭을
달아 준 입체적인 실루엣이 포인트예요.
깅엄체크로 일상에 살짝 멋을 더해 보세요.

만드는 법 46쪽
실물 크기 옷본 A면

Border wide T-shirts

D

가로 줄무늬 와이드 티셔츠

언제나 인기 만점인 가로 줄무늬 티셔츠.
몸판을 넓게 하고 왼쪽 어깨에 단추 잠금 트임을
만들어 준 멋쟁이 디자인이에요. 바지에도 치마에도
잘 어울려서 어디에나 받쳐 입기 좋아요.

만드는 법 48쪽
실물 크기 옷본 A면

Cropped pants

E

크롭트 니트 팬츠

입기 편한 니트지로 만든 짤막한 길이의 바지예요. 허리와 바짓단에는 몸판보다
신축성이 더 좋은 니트지를 사용했어요. 활발한 아이에게 안성맞춤인 편한 옷이지요.

만드는 법 50쪽
실물 크기 옷본 B면

puffed sleeve T-shirts & short pants

F

퍼프소매 블라우스

신축성 있는 니트지로 만든 블라우스랍니다. 목둘레는 꽃무늬가 가득한
리버티 프린트* 원단으로 처리해서 포인트를 주었어요. 둥실한 퍼프소매가 깜찍해요.

*원래는 영국 리버티 사가 개발한 잔 꽃무늬를 뜻했으나 지금은 직물 전체를 장식하는 꽃무늬를 말한다.

만드는 법 52쪽 실물 크기 옷본 B면

G

짧은 반바지

턱을 넣은 낙낙한 모양의 짧은 반바지. 여자아이의 귀여움을 잘 살려 주는 옷이에요.

만드는 법 54쪽 실물 크기 옷본 B면

선명한 색상이 예쁜 튜닉(1세)

마음에 드는 원피스(3세)

차분한 색으로 만든 블라우스(2세)

아이가 입었을 때 편하면서도 귀엽게 보이는 디자인. 아사이 마키코가 딸을 위해 만들던 옷을 더 많은 이들에게 전하고 싶은 마음으로 핸드메이드 아동복 쇼핑몰 'enanna'를 연 것은 2010년의 일입니다. 'enanna'는 딸의 성장과 더불어 규모도 커지며, 지금은 상품이 나오면 그날로 다 팔릴 만큼 인기 있는 쇼핑몰이 되었습니다. 게다가 책을 내고 잡지에 작품을 싣는 등 아사이 마키코가 활약하는 영역도 넓어졌습니다. 아사이 마키코의 디자인에는 그녀가 기성복 업체에서 쌓은 노하우가 담겨있습니다. 특히 봉제 경험을 살린 꼼꼼한 옷 만듦새에는 핸드메이드의 장점을 전하고 싶은 엄마의 마음이 담겨 있습니다.

그녀는 아이가 즐거워하며 입을 수 있도록 소재 선택에도 공을 들입니다. 면이나 마 같은 천연 소재에 세련된 색과 무늬를 중심으로, 최근에는 아이가 아니면 입기 어려운 선명한 색이나 경쾌한 무늬도 고릅니다. 디자인 아이디어는 잡지나 매장에서 어른 옷을 보고 이걸 아이 옷으로 만들면 어떨까 생각하며 얻을 때도 많다고 합니다. 때로는 모델을 담당하는 딸에게 조언을 구하기도 합니다.

아사이 마키코는 어렸을 적에 양재를 하는 어머니가 손수 만들어주신 옷을 늘 여동생과 세트로 입었다고 합니다. 기본적인 검정 깅엄체크 원피스에서부터 분홍색 동물무늬 옷이나 가슴에 이름을 수놓은 원피스 등 애정과 아이디어가 가득 담긴 옷의 추억이 'enanna'의 아동복 만들기에 원동력이 되고 있습니다.

앞으로는 어른 옷으로도 분야를 넓혀서 손수 만든 옷의 따스함을 전하고 싶다며 큰 꿈을 펼쳐 보입니다.

코트도 손수 만들었어요(2세)

독특한 프린트가 포인트(2세)

여름 코디네이션(3세)

PROFILE
아사이 마키코

문화복장학원 어패럴 디자인과를 졸
업하고, 봉제 회사를 거쳐서 기성복 회
사에서 디자인과 봉제를 담당하였다.
2010년부터 창작 아동복 인터넷 쇼핑
몰 'enanna'를 운영 중이다. 남편, 딸과
함께 세 식구가 오붓하게 살고 있다.

Scallopped lace camisole

H

스캘럽 레이스 캐미솔

스캘럽* 레이스의 디자인을 요크와 밑단에
살려 준 캐미솔. 다른 옷에 겹쳐 입어도 예뻐요.

*소맷부리나 밑단에 부채꼴이나 물결 모양의 천을 댄 장식

만드는 법 56쪽
실물 크기 옷본 C면

Halter-necked overall

홀터넥 멜빵바지

가슴, 허리, 바짓단에 고무줄을 넣고,
목 뒤에서 리본으로 묶는 홀터넥 멜빵바지예요.
어린아이만의 귀여움을 살린 디자인입니다.
밝은 색으로 여름 분위기를 한껏 내 보세요.

만드는 법 58쪽
실물 크기 옷본 B면

Flare sleeveless tunic

J

플레어 민소매 튜닉

밝은 노란빛 면 론으로 만든 산뜻한 민소매 튜닉이랍니다.
뒤판에는 니트 소재 리본을 달아서 귀엽게 표현해 보았습니다.
이 한 벌만 있으면 여름철 멋쟁이가 되지요.

만드는 법 60쪽
실물 크기 옷본 B면

Box silhouette one-piece & printed pants

K

박스 원피스

단순한 박스형 디자인의 입기 편한 원피스. 절개선을 살린 주머니가 포인트예요.
타이즈나 레깅스를 받쳐서 한 벌로도 입을 수 있어요.

만드는 법 62쪽　실물 크기 옷본 C면

L

프린트 팬츠

허리와 바짓단에 고무줄만 넣어서 간단한 바지를 만들었어요.
아이들에게는 조금 화려한 무늬도 잘 어울린답니다. 풍성하면서도 산뜻해 보이는 디자인이에요.
입고 벗기도 쉬워서 남녀 겸용으로 입힐 수 있어요.

만드는 법 64쪽　실물 크기 옷본 D면

Poncho

M

판초

보드라운 감촉의 이중 거즈로 만든 판초 디자인의 윗옷이에요.
넉넉한 사이즈와 부드러운 색상에 꼬마 여자아이의 매력이 한층 돋보여요.

만드는 법 66쪽
실물 크기 옷본 C면

Smock

N

스목

풍성한 디자인이 인기 있는 스목* 타입 윗옷이랍니다.
아이 혼자서도 쑥 입을 수 있어요.
목둘레에 다른 천을 프릴처럼 달아서 악센트를 주었지요.
소재를 다르게 해서 만들어도 좋아요.

*길고 품이 넉넉한 윗옷으로 옷이 더러워지는 것을 막기 위해 입는 덧옷

만드는 법 68쪽
실물 크기 옷본 C면

reversible back cross vest

0

백크로스 양면 조끼(분홍)

겉에는 니트 이중지, 안에는 리버티 프린트 원단을 사용한 조끼예요. 두 가지 원단을 안끼리 맞대고 바이어스 천으로
가장자리를 둘러서 만들었어요. 한 벌 마련해두면 편리한 조끼는 어린아이들에게는 없어서는 안 될 아이템이죠.

만드는 법 70쪽 실물 크기 옷본 C면

reversible back cross vest

P

백크로스 양면 조끼(회색)

왼쪽 페이지의 O와 같은 옷본을 사용한 남자아이용 조끼는 회색 니트 누빔지에 파랑 계열
리버티 프린트 원단으로 악센트를 주어 보았어요. 조끼는 가방 안에 넣어 두면 외출했을 때 요긴하게 쓰입니다.

만드는 법 70쪽   실물 크기 옷본 C면

Sailor collar shirts & Half pants

Q

세일러 셔츠(분홍)

민무늬 원단으로 만든 몸판에 가로 줄무늬 원단으로
세일러 옷깃을 달아 만든 셔츠예요. 소맷부리에는 고무줄을
넣어서 여자아이 옷답게 변형해 보았어요.

만드는 법 72쪽
실물 크기 옷본 D면

R

반바지

어느 옷에나 맞춰 입기 쉬운 반바지.
양 옆의 주머니가 포인트랍니다.
단순한 모양이라 소재를 바꿔 가며
몇 벌이라도 만들고 싶어지죠.

만드는 법 74쪽
실물 크기 옷본 D면

Sailor collar shirts

S

세일러 셔츠(파랑)

Q와 같은 옷본을 사용하여 푸른 계열 원단으로 만들면 한 벌만으로도 마린 스타일이 완성되지요.
남자아이든 여자아이든 모두 어울리는 디자인이에요.

만드는 법 72쪽　실물 크기 옷본 D면

Linen shirts

T

리넨 셔츠

둥근 깃 셔츠는 한 벌만 입어도 깔끔해 보이는
귀여운 아이템입니다. 소박한 느낌의 리넨으로 만들면
세련된 외출복이 되지요. 몸판에 직접 깃을
달기 때문에 비교적 간단하게 만들 수 있답니다.

만드는 법 76쪽
실물 크기 옷본 D면

Collarless shirt

U

라운드 셔츠

앞 몸판에 넣어 준 턱이 포인트가 된 깃이 없는 셔츠예요. 원단의 색이나 무늬가 더욱 돋보이는
간결한 디자인이에요. 남자아이 외출복으로도 잘 어울려요. 뒤판은 단추로 여몄습니다.
만드는 법 78쪽   실물 크기 옷본 D면

Chambray pants

V

샴브레이 팬츠

세련된 샴브레이* 소재를 사용한 바지는 22쪽의 L과 같은 옷본으로 만들었어요.
소재를 알맞게 고르면 남자아이용으로도 어울려요. 둥근 깃이 달린 셔츠와 함께 입히면 외출복이 되고요.

*색이 있는 실을 날실로, 흰 실을 씨실로 하여 짠 평직물로 빛에 따라 색이 다르게 보인다.

만드는 법 64쪽 실물 크기 옷본 D면

Flower printed shirts

W

꽃무늬 셔츠

30쪽의 T와 똑같은 디자인을 사랑스러운 리버티 프린트
원단으로 만들었어요. 소매에도 커프스가 달려 있어서,
차려 입어야 하는 자리에도 잘 어울리지요.

만드는 법 76쪽
실물 크기 옷본 D면

34

A 돌먼 원피스 만드는 법 레슨

몸판에 이어진 돌먼소매와 풍성한 치마가 귀엽고 사랑스러운 원피스예요. 소매 달기가 없어서
생각보다 만드는 법이 간단하답니다. 소재를 바꾸면 느낌도 달라지지요. 꼭 한번 만들어 보세요.

※ 재료, 재단 배치도는 43쪽 참조
　여기에서는 알아보기 쉽도록 빨간 실을 사용했지만, 실제로 만들 때는 원단 색깔에 맞는 실을 사용하세요.

작품 4, 5쪽

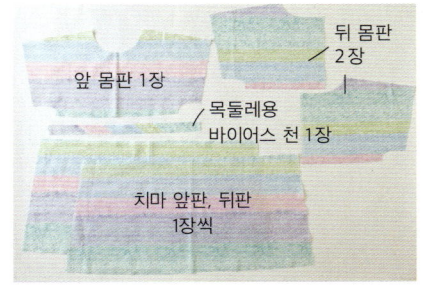

1. 재단 배치도를 참조하여 앞 몸판 1장, 뒤 몸판
2장, 치마 앞판 1장, 치마 뒤판 1장, 목둘레용 바
이어스 천 1장을 마릅니다.

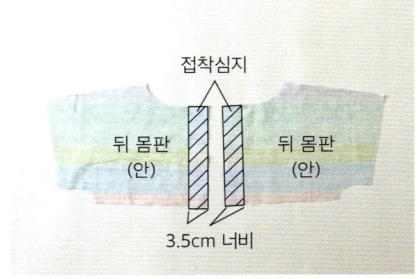

2. 뒤 몸판 안쪽의 안단 부분에 접착심지를 다리
미로 다려서 붙입니다.

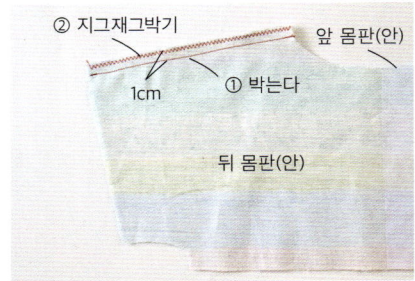

3. 앞 몸판과 뒤 몸판을 겉끼리 맞대어 양 어깨
선을 박고, 시접을 2장 함께 지그재그박기 하여
처리합니다.

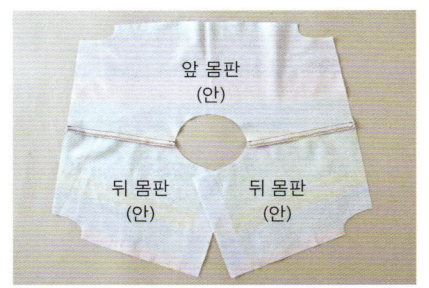

4. 시접을 다려서 뒤 몸판 쪽으로 넘깁니다.

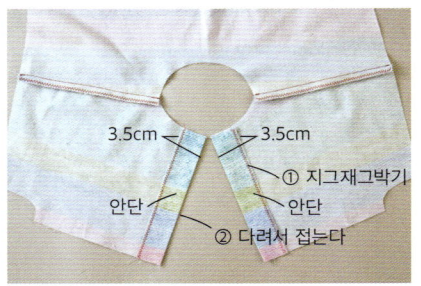

5. 뒤 몸판의 안단 가장자리를 지그재그박기로
처리하고, 안단 부분을 다려서 안쪽으로 접어
줍니다.

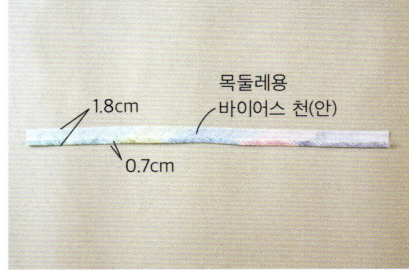

6. 너비 2.5cm 목둘레용 바이어스 천을 준비하
고, 한쪽을 다려서 0.7cm로 접습니다.

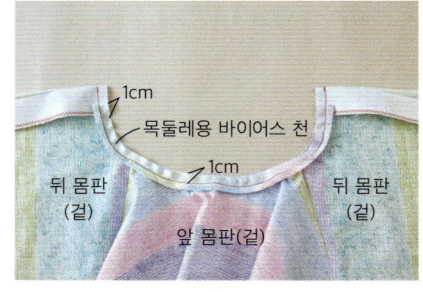

7. 5에서 접은 안단을 반대쪽으로 접고, 목둘레
를 따라 목둘레용 바이어스 천을 맞대고 박습니
다. 이때 목둘레용 바이어스 천은 안단에 1cm
걸쳐지게 합니다.

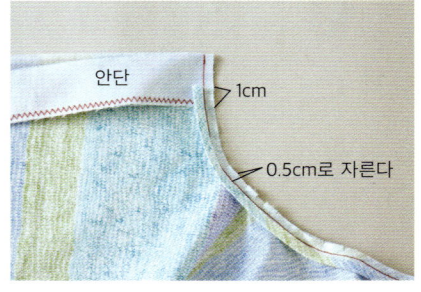

8. 시접을 0.5cm로 자르고 곡선 부분에 가위집
을 넣습니다.

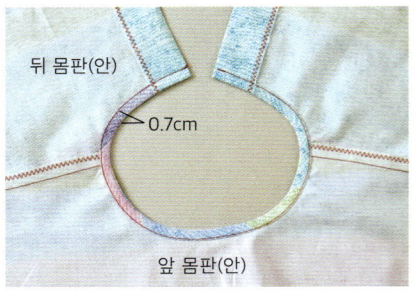

9. 안단을 다시 겉이 나오도록 뒤집어서 접고 목
둘레용 바이어스 천도 안쪽으로 접은 뒤에 목둘
레를 박습니다.

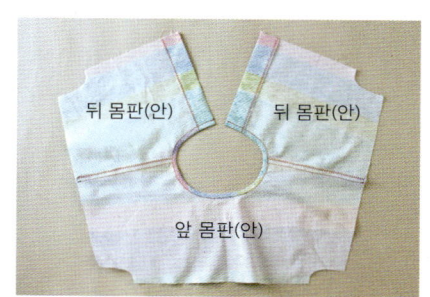

10. 앞 몸판과 뒤 몸판을 사진처럼 박았습니다.

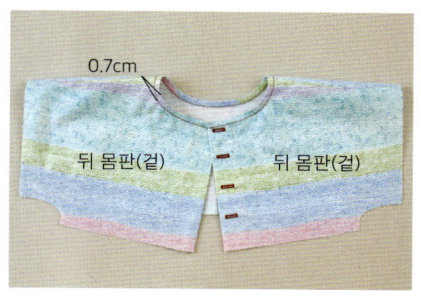

11. 뒤 몸판의 트임에 단춧구멍 모양을 박아 줍니다.

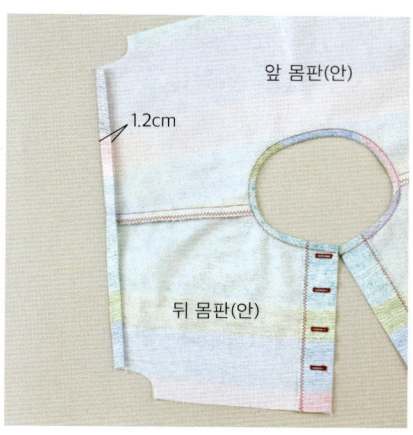

12. 몸판의 소매 끝을 다리면서 처음에는 0.8cm, 다음에는 1.2cm 너비로 두 번 접습니다.

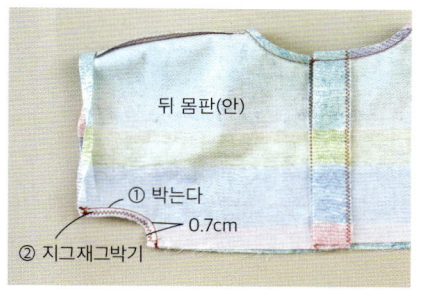

13. 앞 몸판과 뒤 몸판을 겉끼리 맞대고, 접은 소맷부리를 원래대로 펴서 옆선을 박은 뒤에 시접을 2장 함께 지그재그박기 하여 처리합니다.

14. 시접을 다려서 뒤 몸판 쪽으로 넘깁니다.

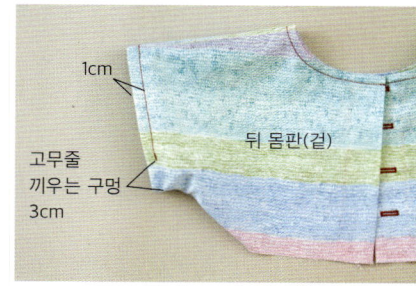

15. 몸판을 겉으로 뒤집고, 두 번 접었던 소맷부리를 다시 원래대로 접어서 박습니다. 이때 고무줄 끼우는 구멍(3cm)을 남겨 둡니다.

16. 소맷부리를 박았습니다(오른쪽 소매의 고무줄 끼우는 구멍은 앞 몸판 쪽에 똑같은 방법으로 남겼습니다).

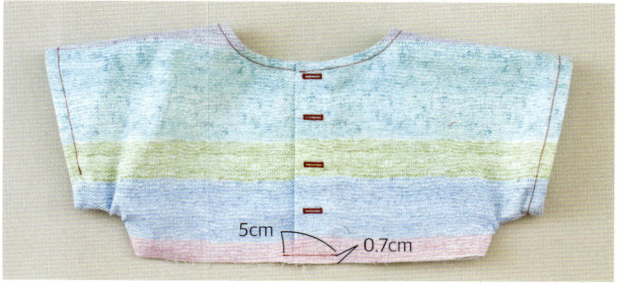

17. 뒤 몸판을 겹쳐서 재봉틀로 박아 임시로 고정합니다.

37

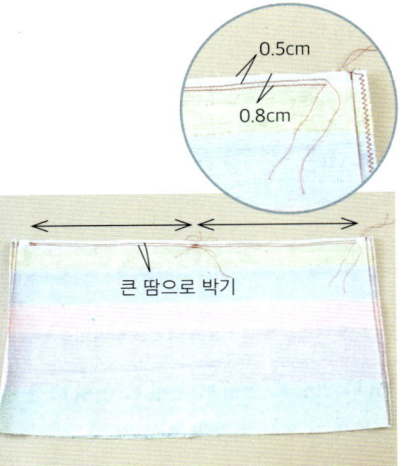

0.5cm

0.8cm

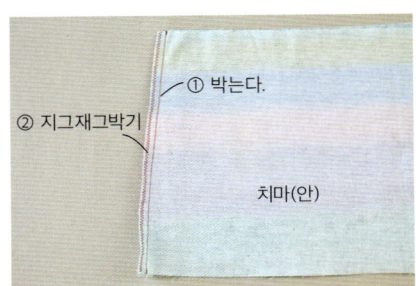

① 박는다.

② 지그재그박기

치마(안)

치마 뒤판(안)

18. 치마 앞판과 치마 뒤판을 겉끼리 맞대어 양 옆 선을 박고, 시접을 2장 함께 지그재그박기 하여 처리합니다.

19. 치마 앞뒤판의 위쪽 가장자리에 재봉틀 땀을 크게 조정하여 2줄 박아 줍니다. 고르게 주름이 잡히도록 치마의 한 변을 둘로 나눠서 박습니다.

20. 실을 당겨서 치마에 주름을 잡아 몸판 치수에 맞게 줄입니다.

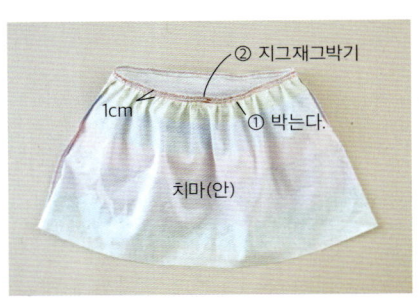

② 지그재그박기

1cm

① 박는다.

치마(안)

앞 몸판(겉)

0.5cm

치마 앞판(겉)

1.3cm

21. 치마와 몸판을 겉끼리 맞대어 박고 시접을 2장 함께 지그재그박기 하여 처리합니다.

22. 시접을 다려서 몸판 쪽으로 넘기고, 옷을 겉으로 뒤집어 겉에서 눌러 박습니다.

23. 치맛단을 1.5cm씩 두 번 접어서 1.3cm 너비로 박아 줍니다.

앞 몸판(겉)

고무줄을 끼우고 고리가 되도록 꿰맨다.

고무줄 끼우는 구멍을 박는다.

24. 소맷부리에 고무줄을 넣고, 고무줄 끝을 겹쳐서 고리 모양이 되도록 꿰매 줍니다.

25. 고무줄 끼우는 구멍을 박습니다.

26. 뒤판에 단추를 달아서 완성합니다.

Sewing Basic
바느질 기초 노트

바느질에 사용하는 도구 •••••••••••••••••••••••••••••••••••••

편리한 도구를 사용하면 마무리도 깔끔해지고 바느질도 더욱 즐거워지죠.
기본적인 도구를 소개합니다.

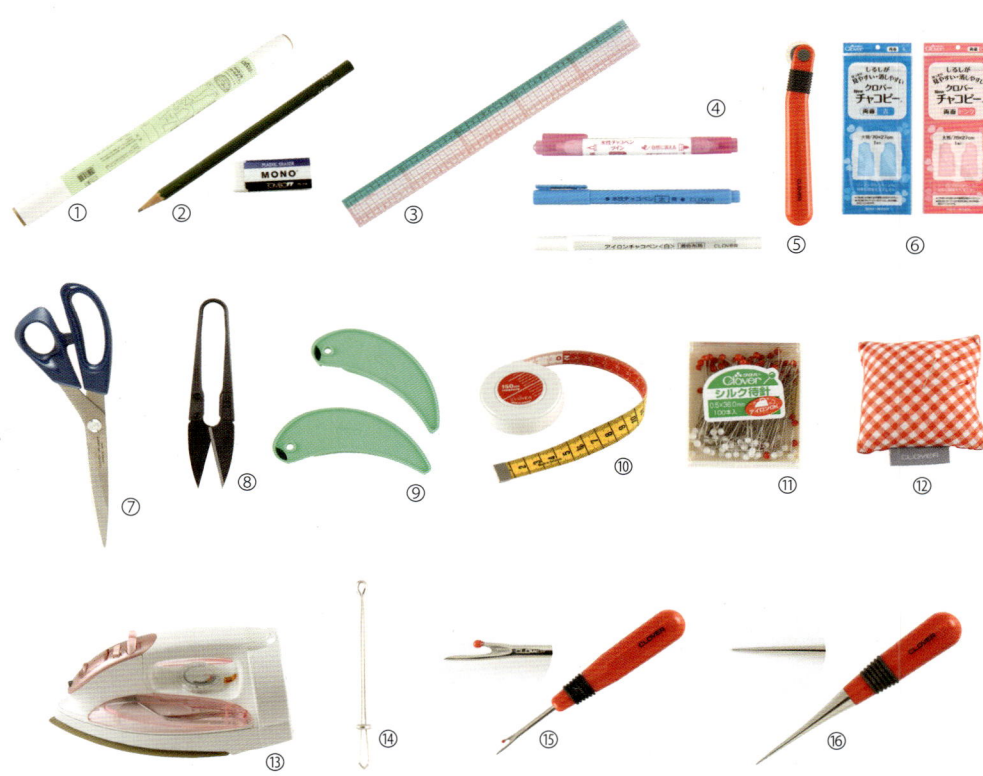

① 패턴지:
옷본을 만들기 위한 종이입니다.

② 연필과 지우개:
실물 크기 옷본을 옮겨 그릴 때 등에 사용합니다.

③ 모눈자:
옷본에 시접을 그리거나 치수를 잴 때 씁니다.

④ 원단용 수성펜:
천에 표시할 때 쓰는 펜입니다. 짙은 색 원단에는 흰색 펜이 편리합니다.

⑤ 룰렛:
천 사이에 원단용 먹지를 끼우고 표시할 때 쓰는 도구입니다.

⑥ 원단용 먹지:
안끼리 맞댄 천 사이에 끼우고 룰렛 등으로 눌러서 표시합니다.

⑦ 재단 가위:
천을 자르는 가위입니다. 잘 드는 것으로 고르세요.

⑧ 쪽가위:
실을 자르거나 가위집을 넣을 때 편리합니다.

⑨ 문진:
옷본을 옮겨 그리거나 천을 재단할 때 사용합니다.

⑩ 줄자:
긴 거리나 곡선 부분, 아이의 치수를 잴 때 사용합니다.

⑪ 시침핀:
실물 크기 옷본을 천에 고정하거나 바느질할 때 천끼리 임시로 고정하는 도구입니다.

⑫ 핀 쿠션:
시침핀 등을 꽂아 둡니다.

⑬ 다리미:
옷을 만들 때는 한 단계가 끝날 때마다 다림질하는 것이 좋습니다.

⑭ 끈 끼우개:
리본이나 고무줄 등을 끼우는 도구입니다.

⑮ 실뜯개:
바늘땀을 뜯을 때나 단춧구멍을 뚫을 때 쓰는 편리한 도구입니다.

⑯ 송곳:
재봉틀로 박을 때 천을 눌러 주거나, 모서리를 끌어낼 때 사용합니다.

재봉틀 바늘과 재봉실 •••••••••••••

재봉틀 바늘과 재봉실은 원단에 맞는 것을 사용합니다.
재봉틀 바늘은 번호가 커질수록 굵어집니다.

 60번 재봉실    재봉틀 바늘 세트

천 종류	재봉틀 바늘	재봉실
얇은 천 (면 론 등)	9번	90번
보통 천~약간 두꺼운 천 (면마, 리넨, 치노클로스 등)	9, 11번	60번
두꺼운 천 (두꺼운 데님 등)	11, 14번	30번
니트지 (골판지 니트, 쭈리 등)	니트 전용 바늘 9번, 11번	니트용 재봉실 50번

니트용 재봉틀 바늘과 재봉실 •••

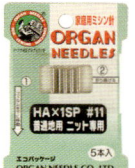

● 니트용 재봉실
니트지에는 신축성 있는 니트 전용 실을 사용합니다. 사진은 가정용 재봉틀에서도 사용할 수 있는 나일론사 50번 니트 전용 실입니다.

● 니트용 재봉틀 바늘
가정용 재봉틀의 니트 전용 바늘로 9~11번이 편리합니다. 일반 원단용 바늘보다 바늘 끝이 뭉툭해서 실이 끊어지는 것을 방지합니다.

원단에 대해 •••••••••••••••••••••••••

밑 준비

구입한 원단은 옷을 빨았을 때 줄어드는 것을 막기 위해 사용하기 전에 '선세탁'과 '올 바로잡기'를 하는 것이 좋습니다. 선세탁은 큰 들통에 접은 원단을 넣고 물에 담가 놓았다가, 살짝 짜서 천의 결을 가지런히 하여 그늘에서 말리는 과정입니다. 올 바로잡기는 원단이 반쯤 마른 상태에서 천의 결을 가지런히 매만져 결을 따라 다림질 하는 것입니다. 이 과정을 마치고 바느질을 시작합니다.

원단 종류

아기나 어린아이 옷에는 감촉이 좋은 천연 소재가 알맞습니다.

면:
면 100% 원단. 체크무늬나 프린트 등 다양한 종류가 있다. 바느질하기 쉽고 다루기도 쉬운 천이 많다.

리넨:
마 소재의 평직물. 튼튼하고 바느질하기 쉬우며, 두꺼운 것 등 종류와 색도 다양하다.

이중 거즈:
거즈 2장을 맞댄 원단. 흡수성도 좋고 부드러워 피부에 자극이 없어서 아기 옷에 알맞다.

면 론:
고급 면직물로 견직물처럼 광택이 있고 부드러운 것이 특징이다. 영국 리버티 사의 타나 론이 유명하다. 천이 얇아서 주름을 잡는 작품에도 적당하다.

니트지:
신축성 있는 뜨개조직으로 이루어진 원단. 두께와 뜨개방법 등에 따라 다양한 원단이 있다. 초보자는 신축성이 덜한 니트지가 바느질하기 편하다.

천의 결에 대하여

천의 식서*에서부터 반대편 식서(폭)를 푸서 방향(가로 올 방향)이라 하고, 원단이 감겨 있는 방향을 식서 방향(세로 올 방향)이라고 합니다. 비스듬히 45도 각도로 자르는 것을 바이어스 재단이라고 하며, 이렇게 자른 바이어스 천은 천 중에서 가장 잘 늘어나는 성질이 있습니다.

*올이 풀리지 않도록 짠, 천의 가장자리

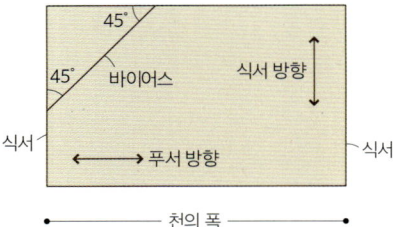

사이즈에 대해 •••••••••••••••••••••••••

이 책에서는 각 작품을 80, 90, 95 세 사이즈로 소개했습니다. 사이즈 표를 기준으로 하여 사이즈를 고르세요. 원피스나 바지 기장은 아이에 맞춰서 조절합니다.

사이즈 표

사이즈	80	90	95
키	80	90	95
몸무게	11kg	13kg	14kg
나이	1세	2세	3세

바느질 용어 •••••••••••••••••••••••••

트임: 입고 벗기 쉽도록 터 놓은 부분.

큰 땀으로 박기: 주름을 잡거나 홈줄임 할 때 큰 바늘땀(0.4cm 정도)으로 박는 것.

홈줄임: 소매산 등을 둥글게 만들기 위해 큰 땀으로 박고 잡아당겨서 주름지지 않을 정도로 줄여 동그스름하게 하는 것.

재단 배치도: 재단할 때 사용하는 옷본 배치도. 사이즈에 따라 배치가 달라지기도 하므로 사용할 옷본을 실제로 원단에 놓아 보고 확인한 뒤에 마른다.

시접 없이 재단: 시접을 두지 않고 치수대로 마르는 것.

겉끼리 맞대기와 안끼리 맞대기: 겉끼리 맞대기는 천의 겉과 겉을 맞대는 것이고 안끼리 맞대기는 천의 안과 안을 맞대는 것.

바이어스: 천의 결에 45도 각도로 재단하는 것.

한 번 접기와 두 번 접기: 밑단이나 허리 등의 천 가장자리를 처리하는 방법. 한 번 접기는 시접을 일정한 너비로 한 번 접는다. 두 번 접기는 한 번 접고 다시 한 번 일정한 너비로 접는 것.

안단: 천 가장자리를 처리하기 위해 목둘레나 셔츠 앞단에 달아 주는 천. 보강하는 의미도 있다.

골선: 천을 반으로 접었을 때의 마루 부분.

재봉틀에 대하여 •••••••••••••••••••••••••

기본 바느질법은 가정용 재봉틀의 직선박기와 지그재그박기입니다. 자투리 천에 시험 삼아 박아 본 뒤에 일정한 속도로 서두르지 말고 박습니다. 두께가 있는 부분 등은 송곳을 이용하여 천을 보내면 박기 쉽습니다.

직선박기

겉과 안에서 바늘땀이 똑같이 보이는 것이 제대로 된 실 상태입니다.

지그재그박기(또는 오버로크)

천 가장자리를 지그재그박기로 처리할 때, 어느 정도 두께가 있는 원단은 바늘땀 끝이 천 가장자리에 걸리도록 박습니다. 얇은 천일 때는 천이 울지 도록 천 가장자리보다 조금 안쪽에 걸리도록 합니다.

되돌려박기

바느질을 시작할 때 실이 풀리지 않도록 되돌려박기를 할 경우에는 2~3땀 박은 뒤에 같은 선을 한 번 되돌아가며 다시 박아 줍니다. 바느질을 마칠 때에도 같은 방법으로 박습니다.

옷본에 대하여 ••

시접 있는 옷본 만드는 법

시접 있는 옷본을 만들어서 시접분까지 포함하여 원단을 마르고, 재봉틀 바늘판에 있는 안내선을 기준으로 박으면 효율적입니다.
여기에서는 시접 있는 옷본 만드는 법을 소개합니다.

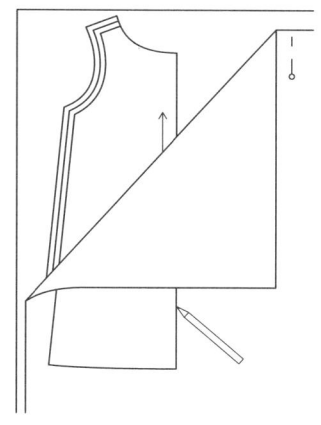
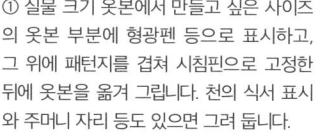

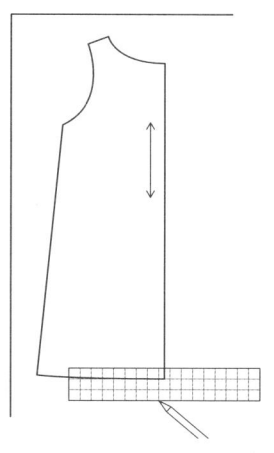

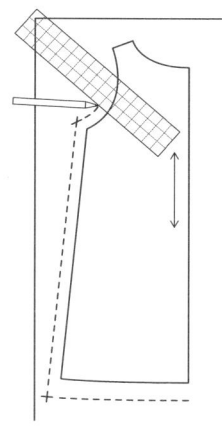

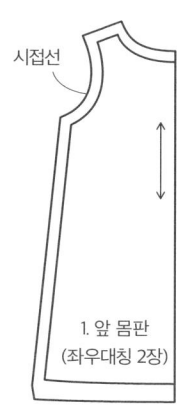

1. 앞 몸판
(좌우대칭 2장)

시접선

① 실물 크기 옷본에서 만들고 싶은 사이즈의 옷본 부분에 형광펜 등으로 표시하고, 그 위에 패턴지를 겹쳐 시침핀으로 고정한 뒤에 옷본을 옮겨 그립니다. 천의 식서 표시와 주머니 자리 등도 있으면 그려 둡니다.

② 재단 배치도를 참조하여 모눈자를 이용해 옷본 둘레에 필요한 시접분을 포함한 선(시접선)을 그립니다.

③ 곡선 부분은 곡선을 따라 점선 상태로 시접 너비를 그린 뒤에 점선을 이어서 곡선 둘레에 시접선을 그립니다.

④ 시접선대로 가위로 잘라 내어 사용합니다. 이것으로 시접 있는 옷본을 완성했습니다. 각 부분의 이름이나 장수 등도 적어 두면 편리합니다.

시접을 둘 때의 포인트

직선이 아닌 치맛단이나 소맷부리 등에서는 완성선대로 접었을 때 시접이 남거나 모자라지 않도록 잘 생각하여 시접을 둡니다.

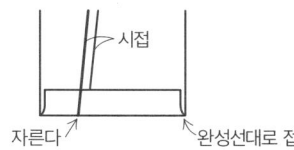

시접

자른다 · 완성선대로 접는다

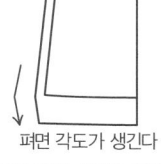

펴면 각도가 생긴다

① 밑단에 시접을 그린 패턴지를 완성선대로 접어서 모서리 부분을 자릅니다.

② 종이를 펴면 시접을 접었을 때에도 딱 맞는 각도대로 시접을 둔 옷본이 됩니다.

옷본 기호

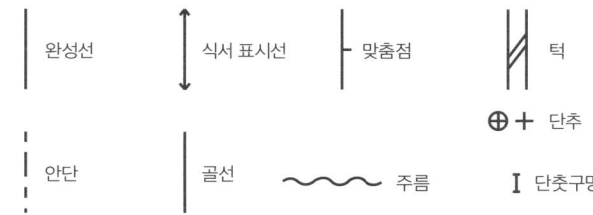

완성선	식서 표시선	맞춤점 · 턱
		⊕ + 단추
안단	골선	주름 · I 단춧구멍

접착심지 붙이는 법 ••••••••••••••

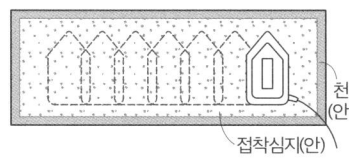

천
(안)

접착심지(안)

접착심지는 사용하는 원단에 맞게 골라서 붙입니다. 붙일 때에는 틈이 생기지 않도록 다리미를 겹치듯이 눌러 줍니다.

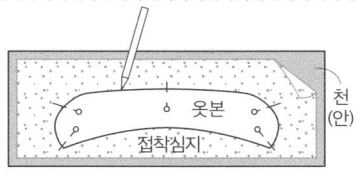

옷본
천
(안)
접착심지

깃 등 곡선 있는 부분에 접착심지를 붙일 때에는 미리 큼직하게 자른 원단 뒷면에 접착심지를 붙이고 나서 옷본을 대고 마르면 좋습니다.

원단 마르는 법 ••••••••••••••

재단 배치도를 참조하여 천의 결을 확인해서 큰 옷본부터 배치하며 원단 위에 실물 크기 옷본을 놓습니다. 옷본을 시침핀 등으로 고정하고 가장자리에서부터 가위를 넣어 자릅니다.

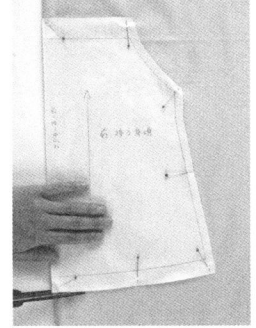

바이어스테이프 만드는 법 ••••••••••••••

천의 결에 대해 45도 각도로 자른 천을 바이어스 천이라고 합니다. 길게 필요할 때는 바이어스 천을 같은 너비로 필요한 장수만큼 자른 뒤에 박아서 이어 줍니다.

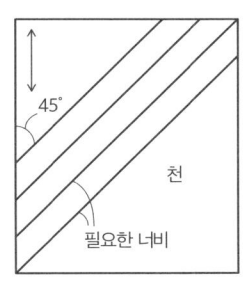

45°
천
필요한 너비

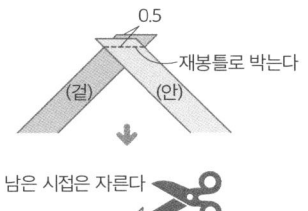

0.5
재봉틀로 박는다
(겉) (안)

남은 시접은 자른다 ✂

(안) (안)

41

How to Make
작품 만드는 법

재단 배치도와 원단 필요량

*

이 책으로는 80, 90, 95 세 가지 사이즈를 만들 수 있습니다.

*

만드는 법 페이지에서 재료와 치수 표기는 왼쪽이나 위에서부터 80/90/95cm 사이즈를 나타냅니다.
정해진 것 외에는 모든 사이즈에 공통입니다.

*

재단 배치도는 90사이즈 옷본에 맞춰서 각 부분을 배치했습니다. 사이즈에 따라 배치가
달라질 경우가 있으니, 실제로 원단에 옷본을 놓아보고 재단법을 확인하세요.

*

체크 등 무늬를 맞출 필요가 있을 때나 천에 방향성이 있을 때는
표시된 필요량보다 재료가 더 넉넉하게 필요하기도 합니다.

*

실물 크기 옷본에는 시접이 포함되지 않았습니다. 재단 배치도를 참고하여 정해진 시접을 두세요.

*

직선만으로 된 부분이나 재단 배치도에 치수가 적힌 부분은 옷본이 없기도 하니,
이때는 원단에 직접 그려서 재단합니다.

*

단위는 모두 cm로 표기했습니다.

*

재료 중 납작 고무줄은 아이의 허리둘레에 맞춰서 조정해 주세요.

A 돌먼 원피스

작품 4쪽 실물 크기 옷본 A면

❊ 완성 치수(80/90/95사이즈)
허리둘레 62/66/68cm
기장 43/48/51cm

❊ 재료(80/90/95사이즈)
면 프린트 110cm 폭 105/115/120cm,
접착심지 25×10cm(공통),
0.8㎝ 너비 납작 고무줄 50cm
(공통, 한쪽 소매 고무줄 치수 19/20/20.5cm),
지름 1.3cm 단추 4개(공통)
※ 과정 레슨은 36쪽 참조

<재단 배치도>

면 프린트

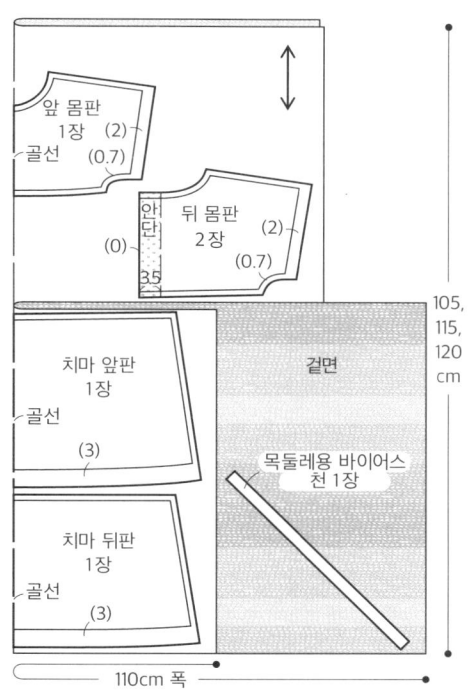

※ ( ) 안은 시접. 정해진 곳 이외의 시접은 1cm
※ 원단 필요량은 80/90/95 사이즈
▨▨ 뒤에 접착심지를 붙인다

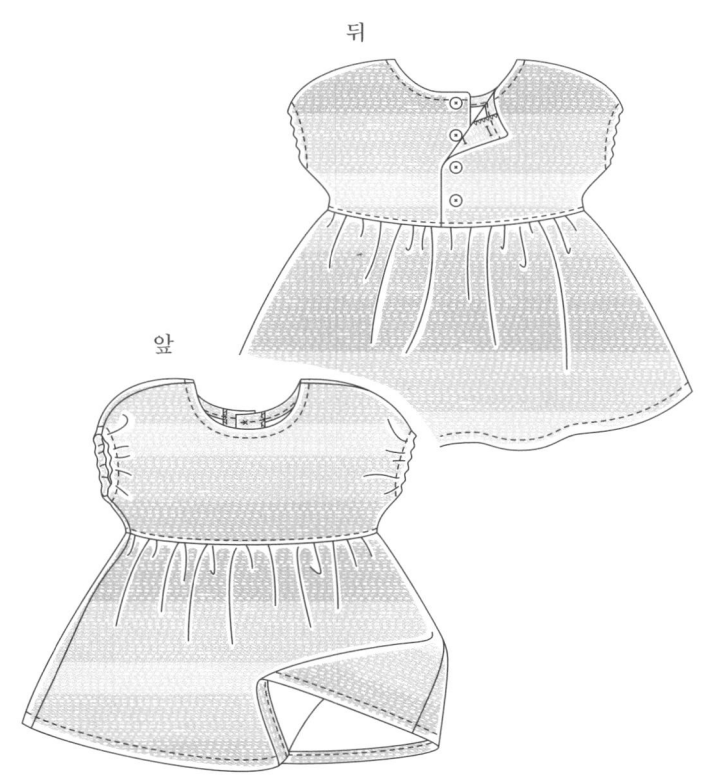

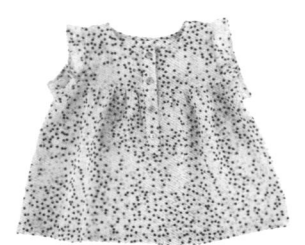

B 프릴소매 블라우스

작품 6쪽 실물 크기 옷본 A면

✳ 완성 치수(80/90/95사이즈)
　가슴둘레 58.5/63/68cm
　기장 33/37/39.5cm

✳ 재료(80/90/95사이즈)
　면 보일 110cm 폭 80/80/90cm
　접착심지 20×30cm(공통)
　지름 1cm 단추 4개(공통)

<재단 배치도>

면 보일

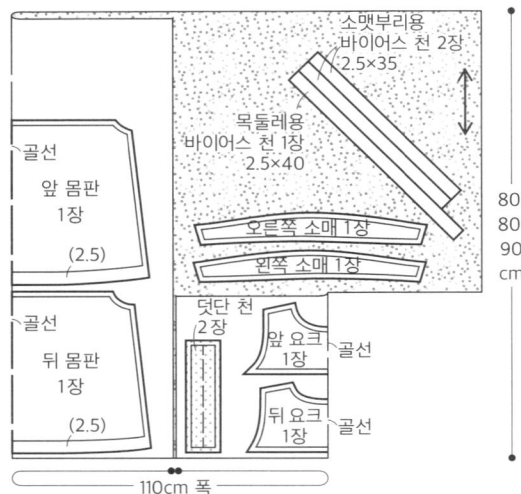

소맷부리용 바이어스 천 2장 (2.5×35)
목둘레용 바이어스 천 1장 2.5×40
오른쪽 소매 1장
왼쪽 소매 1장

골선 앞 몸판 1장 (2.5)
골선 뒤 몸판 1장 (2.5)
덧단 천 2장
앞 요크 1장 골선
뒤 요크 1장 골선

80, 80, 90 cm

110cm 폭

※ ( ) 안은 시접. 정해진 곳 이외의 시접은 1cm
※ 원단 필요량은 80/90/95사이즈
▨ 뒤에 접착심지를 붙인다.

<바느질 순서>

1. 재단 배치도를 참조하여 원단을 마르고, 정해진 자리에 접착심지를 붙인다.

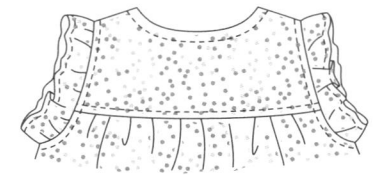

4. 목둘레를 박는다.
3. 어깨선을 박는다(60쪽 참조).
8. 소매를 만들어서 단다.
9. 진동둘레를 바이어스 천으로 처리한다(61쪽 참조).
2. 몸판과 요크를 잇는다.
5. 앞트임을 박는다.
6. 옆선을 박는다(61쪽 참조).
7. 밑단을 박는다.
10. 단춧구멍을 만들고 단추를 단다.

2. 몸판과 요크를 잇는다.

① 큰 땀으로 시접에 2줄을 박는다.
　(앞 몸판의 덧단 천 자리를 피해서 박는다.)

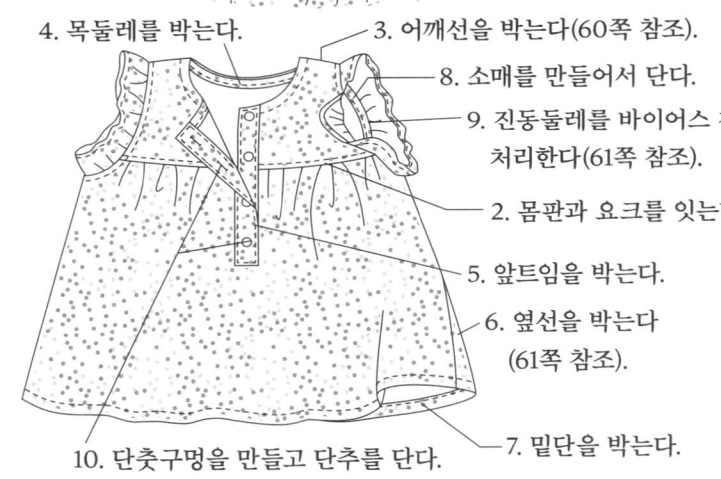

0.5
0.3
주름 끝점
앞 중심
덧단 천 자리
앞 몸판 (겉)

0.5
0.3
주름 끝점
뒤 몸판 (겉)

② 요크 치수에 맞춰서 주름을 잡는다.
③ 요크와 몸판을 겉끼리 맞대고 박는다.
④ 2장 함께 지그재그박기

앞 요크 (안)
앞 중심
앞 몸판 (겉)

⑤ 시접을 요크 쪽으로 넘기고 겉에서 눌러 박는다.

앞 요크(겉)
0.5
앞 몸판(겉)

※ 뒤 몸판도 같은 방법으로 박는다.

4. 목둘레를 박는다.

목둘레용 바이어스 천(안)

2.5   1.8
0.7
① 다려서 접는다.

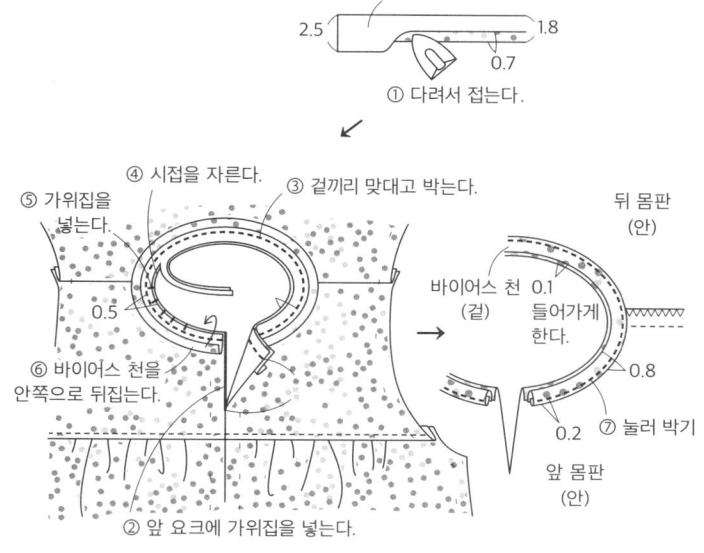

④ 시접을 자른다.
③ 겉끼리 맞대고 박는다.
⑤ 가위집을 넣는다.
뒤 몸판 (안)
0.5
⑥ 바이어스 천을 안쪽으로 뒤집는다.
바이어스 천 (겉) 0.1 들어가게 한다.
바이어스 천 (겉)
0.8
0.2
⑦ 눌러 박기
앞 몸판 (안)
② 앞 요크에 가위집을 넣는다.

5. 앞트임을 박는다.

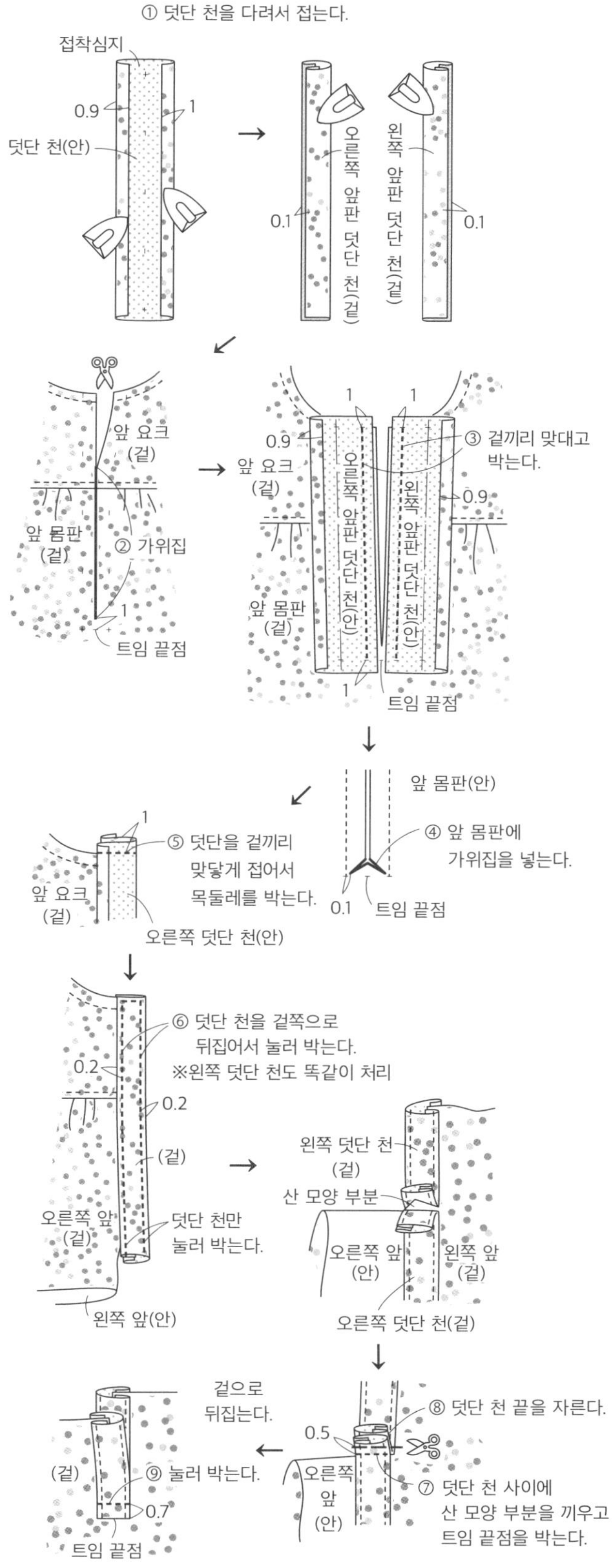

① 덧단 천을 다려서 접는다.

접착심지
덧단 천(안)
0.9   1
0.1
0.1
오른쪽 앞판 덧단 천(겉)
왼쪽 앞판 덧단 천(겉)

앞 요크 (겉)
0.9
앞 몸판 (겉)
② 가위집
1
트임 끝점
③ 겉끼리 맞대고 박는다.
1   1
오른쪽 앞판 덧단 천(안)
왼쪽 앞판 덧단 천(안)
0.9
앞 몸판 (겉)
1
트임 끝점

앞 몸판(안)
1
④ 앞 몸판에 가위집을 넣는다.
0.1   트임 끝점

앞 요크 (겉)
1
⑤ 덧단을 겉끼리 맞닿게 접어서 목둘레를 박는다.
오른쪽 덧단 천(안)

0.2
0.2
(겉)
덧단 천만 눌러 박는다.
오른쪽 앞 (겉)
⑥ 덧단 천을 겉쪽으로 뒤집어서 눌러 박는다.
※왼쪽 덧단 천도 똑같이 처리
왼쪽 앞 (안)

왼쪽 덧단 천 (겉)
산 모양 부분
오른쪽 앞 (안)
왼쪽 앞 (겉)
오른쪽 덧단 천(겉)

겉으로 뒤집는다.
0.5
(겉)
⑨ 눌러 박는다.
0.7
트임 끝점
오른쪽 앞 (안)
⑧ 덧단 천 끝을 자른다.
⑦ 덧단 천 사이에 산 모양 부분을 끼우고 트임 끝점을 박는다.

7. 밑단을 박는다.

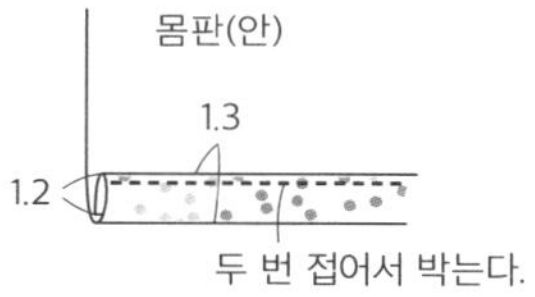

몸판(안)
1.3
1.2
두 번 접어서 박는다.

8. 소매를 만들어서 단다.

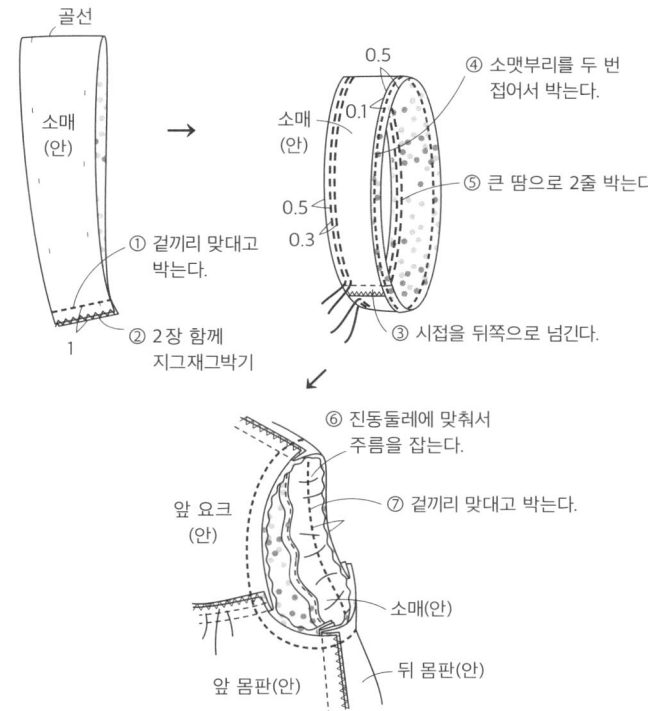

골선
소매 (안)
① 겉끼리 맞대고 박는다.
1
② 2장 함께 지그재그박기
0.5   0.1
소매 (안)
0.5
0.3
④ 소맷부리를 두 번 접어서 박는다.
⑤ 큰 땀으로 2줄 박는다.
③ 시접을 뒤쪽으로 넘긴다.

⑥ 진동둘레에 맞춰서 주름을 잡는다.
앞 요크 (안)
⑦ 겉끼리 맞대고 박는다.
소매(안)
뒤 몸판(안)
앞 몸판(안)

C 옆폭 달린 원피스

작품 8쪽 실물 크기 옷본 A면

✳ 완성 치수(80/90/95사이즈)
　가슴둘레 62/66.5/68.5cm
　기장 44/48.5/52cm
　소매 기장 25/28.5/30cm

✳ 재료(80/90/95사이즈)
　면 깅엄체크 110cm 폭 95/105/110cm
　지름 1.1cm 단추 1개(공통)

<재단 배치도>

면 깅엄체크

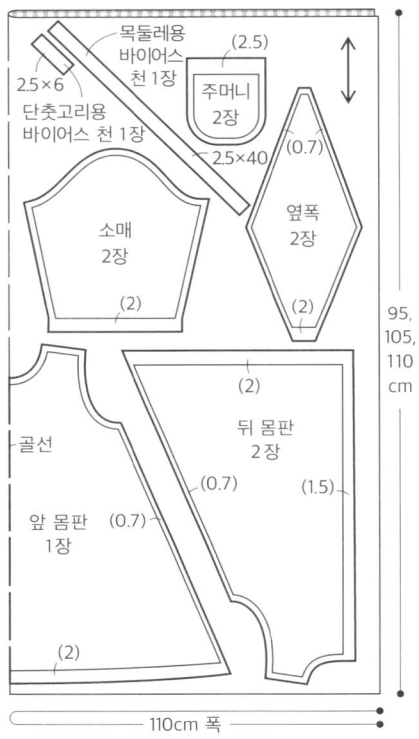

목둘레용 바이어스 천 1장
(2.5)
2.5×6
단춧고리용 바이어스 천 1장
주머니 2장
2.5×40
(0.7)
옆폭 2장
(2)
소매 2장
(2)
(2)
뒤 몸판 2장
골선
앞 몸판 1장
(0.7)
(0.7)
(1.5)
(2)
95, 105, 110 cm

─ 110cm 폭 ─

※ () 안은 시접. 정해진 곳 이외의 시접은 1cm
※ 원단 필요량은 80/90/95 사이즈

<바느질 순서>

1. 재단 배치도를 참조하여 원단을 마른다.

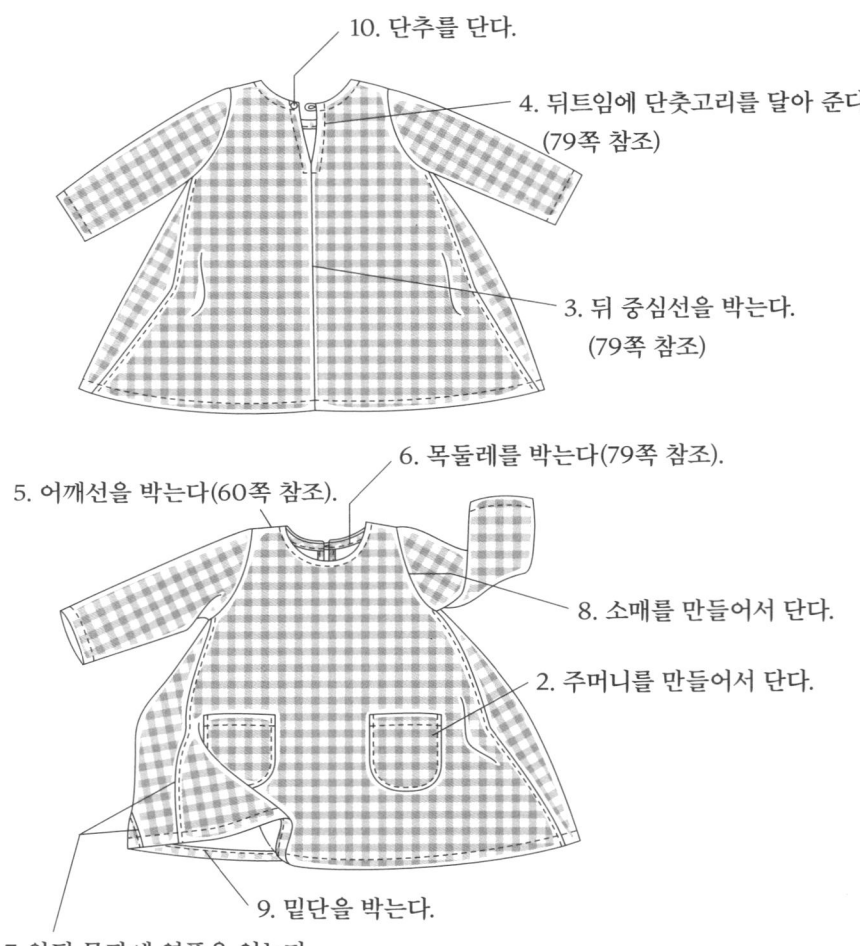

10. 단추를 단다.

4. 뒤트임에 단춧고리를 달아 준다. (79쪽 참조)

3. 뒤 중심선을 박는다. (79쪽 참조)

5. 어깨선을 박는다(60쪽 참조).

6. 목둘레를 박는다(79쪽 참조).

8. 소매를 만들어서 단다.

2. 주머니를 만들어서 단다.

9. 밑단을 박는다.

7. 앞뒤 몸판에 옆폭을 잇는다.

2. 주머니를 만들어서 단다.

② 두 번 접어서 박는다.

1.3

1.2

0.1

주머니(안)

① 지그재그박기

④ 실물 크기 옷본을 주머니 안쪽에 대고 다리면서 시접을 접는다.

옷본

③ 홈질하여 실을 당겨서 둥그렇게 만든다.

앞 몸판 (겉)

주머니 (겉)

0.4

⑤ 주머니를 달아 준다.

7. 앞뒤 몸판에 옆폭을 잇는다.

뒤 몸판(겉)

① 겉끼리 맞대고 박는다.

② 2장 함께 지그재그박기

0.7

0.7

앞 몸판 (안)

옆폭 (안)

뒤 몸판 (겉)

④ 겉에서 눌러 박는다.

0.2

앞 몸판 (겉)

옆폭 (겉)

앞 몸판 (안)

뒤 몸판 (안)

옆폭 (안)

③ 시접을 몸판 쪽으로 넘긴다.

8. 소매를 만들어서 단다.

① 겉끼리 맞대고 박는다.

오른쪽 소매 (안)

골선

1

② 2장 함께 지그재그박기

③ 시접을 뒤쪽으로 넘긴다.

오른쪽 소매 (안)

0.2

(안)

0.8

1.2

④ 소맷부리를 두 번 접어서 박는다.

뒤 몸판(겉)

소매(안)

⑤ 겉끼리 맞대어 박고, 보강하기 위해 다시 1바퀴 돌며 같은 자리를 박는다.

⑥ 2장 함께 지그재그박기

1

앞 몸판 (안)

옆폭 (안)

9. 밑단을 박는다.

몸판(안)

0.2

두 번 접어서 박는다.

0.8

1.2

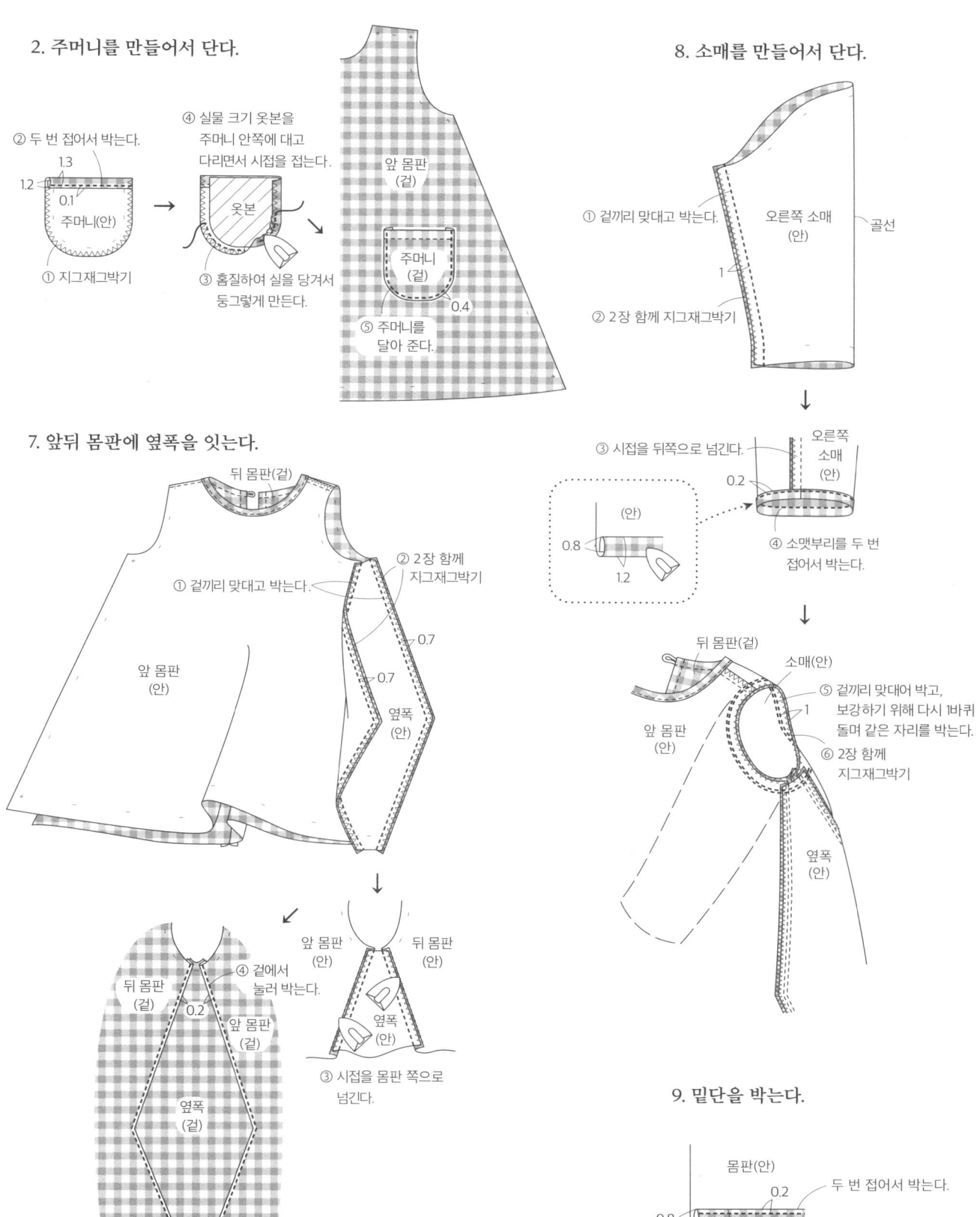

D 가로 줄무늬 와이드 티셔츠
작품 10쪽 실물 크기 옷본 A면

✻ 완성 치수(80/90/95사이즈)
　　가슴둘레 76.5/81/83cm
　　기장 32.5/36/38.5cm

✻ 재료(80/90/95사이즈)
　　가로 줄무늬 평직 니트 190cm 폭 50/50/60cm
　　니트용 접착심지 30×30cm(공통)
　　1.2cm 너비 늘어남 방지 접착테이프 20cm(공통)
　　지름 1.5cm 단추 3개(공통)

※ 니트용 접착심지, 늘어남 방지 접착테이프, 재봉틀 바늘, 재봉실을 사용합니다. 몸판과 앞 안단의 좌우 어깨 재단법이 다르므로, 재단 배치도를 참조하여 옷본을 배치하고 시접을 두어 마릅니다.

<재단 배치도>

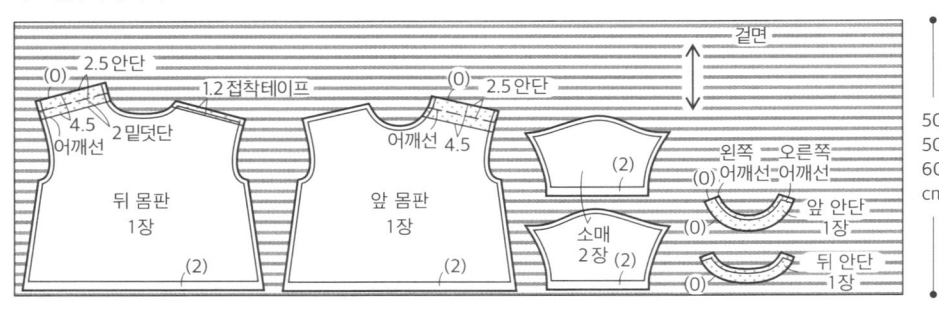

가로 줄무늬 평직 니트

겉면

(O) 2.5안단
1.2 접착테이프
(O) 2.5안단
4.5 어깨선
2 밑덧단
어깨선 4.5
뒤 몸판 1장
(2)
앞 몸판 1장
(2)
왼쪽 어깨선
오른쪽 어깨선
(O)
(2)
소매 2장 (2)
앞 안단 1장
(O)
뒤 안단 1장
(O)

50, 50, 60 cm

190cm 폭

※ () 안은 시접. 정해진 곳 이외의 시접은 1cm
※ 원단 필요량은 80/90/95사이즈 뒤에 접착심지, 늘어남 방지 접착테이프를 붙인다.

<바느질 순서>

1. 재단 배치도를 참조하여 원단을 마르고, 정해진 자리에 접착심지와 늘어남 방지 접착테이프를 붙인다.

2. 몸판과 안단의 어깨선을 박는다.

3. 목둘레와 왼쪽 어깨 트임을 박는다.

8. 단춧구멍을 만들고 단추를 단다.

2. 몸판과 안단의 어깨선을 박는다.

4. 소매를 단다.

5. 밑단을 박는다.

7. 소맷부리를 박는다.

6. 소매 옆선에서부터 몸판 옆선까지 이어서 박는다.

2. 몸판과 안단의 어깨선을 박는다.

<몸판>

뒤 몸판 (안)

2
2.5
접착심지
① 각각 지그재그박기
2.5
③ 시접을 2장 함께 지그재그박기
1.2 접착테이프
④ 시접을 뒤쪽으로 넘긴다.
2
1
② 오른쪽 어깨선을 겉끼리 맞대고 박는다.

앞 몸판 (안)

<안단>

① 오른쪽 어깨선을 겉끼리 맞대고 박는다.
1
② 시접을 가른다.
뒤 안단(안)

앞 안단 (안)
뒤 안단 (겉)
앞 안단(안)
③ 지그재그박기

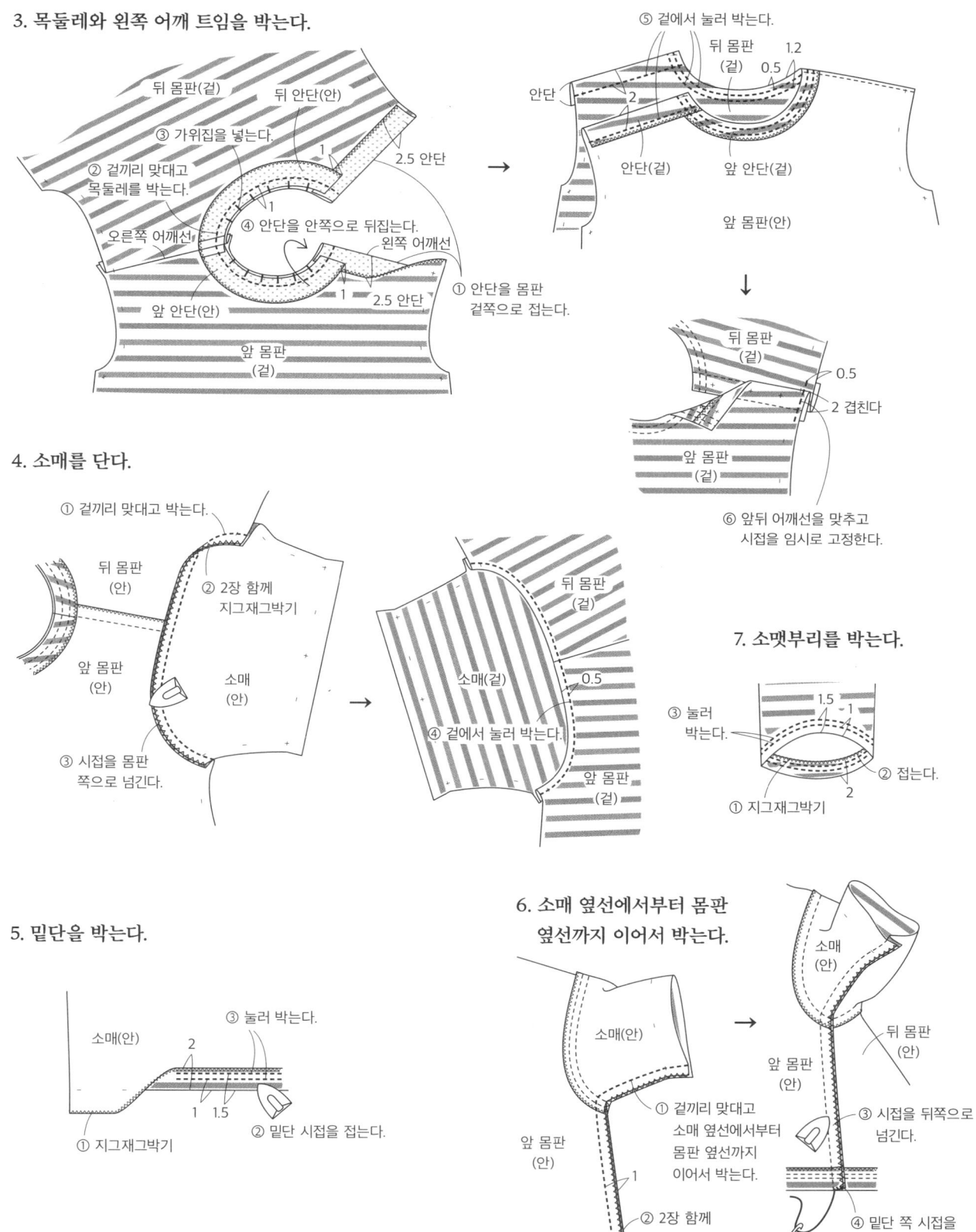

3. 목둘레와 왼쪽 어깨 트임을 박는다.

뒤 몸판(겉)
뒤 안단(안)
③ 가위집을 넣는다.
② 겉끼리 맞대고 목둘레를 박는다.
1
2.5 안단
오른쪽 어깨선
④ 안단을 안쪽으로 뒤집는다.
왼쪽 어깨선
앞 안단(안)
1
2.5 안단
① 안단을 몸판 겉쪽으로 접는다.
앞 몸판(겉)

⑤ 겉에서 눌러 박는다.
뒤 몸판(겉)
1.2
안단
0.5
2
안단(겉)
앞 안단(겉)
앞 몸판(안)

뒤 몸판(겉)
0.5
2 겹친다
앞 몸판(겉)
⑥ 앞뒤 어깨선을 맞추고 시접을 임시로 고정한다.

4. 소매를 단다.

① 겉끼리 맞대고 박는다.
뒤 몸판(안)
② 2장 함께 지그재그박기
앞 몸판(안)
소매(안)
③ 시접을 몸판 쪽으로 넘긴다.

뒤 몸판(겉)
소매(겉)
0.5
④ 겉에서 눌러 박는다.
앞 몸판(겉)

7. 소맷부리를 박는다.

③ 눌러 박는다.
1.5
1
② 접는다.
2
① 지그재그박기

5. 밑단을 박는다.

소매(안)
2
③ 눌러 박는다.
1 1.5
① 지그재그박기
② 밑단 시접을 접는다.

6. 소매 옆선에서부터 몸판 옆선까지 이어서 박는다.

소매(안)
소매(안)
앞 몸판(안)
① 겉끼리 맞대고 소매 옆선에서부터 몸판 옆선까지 이어서 박는다.
1
② 2장 함께 지그재그박기

소매(안)
뒤 몸판(안)
앞 몸판(안)
③ 시접을 뒤쪽으로 넘긴다.
④ 밑단 쪽 시접을 감친다.

E 크롭트 니트 팬츠
작품 11쪽 실물 크기 옷본 B면

※ 완성 치수(80/90/95사이즈)
　바지 기장 38.5/43/45cm

※ 재료(80/90/95사이즈)
　면 혼방 쭈리 140cm 폭 40/50/50cm
　스판 후라이스 리브 90cm 폭 30cm(공통)
　2.5cm 너비 티롤리안테이프 40cm(공통)

3cm 너비 납작 고무줄 42/44/45cm
(허리둘레에 맞춰 조정)
니트용 접착심지 20×10cm(공통)
1cm 너비 늘어남 방지 접착테이프 90cm(공통)

※ 니트용 접착심지, 늘어남 방지 접착테이프,
재봉틀 바늘, 재봉실을 사용합니다.

<재단 배치도>

면 혼방 쭈리

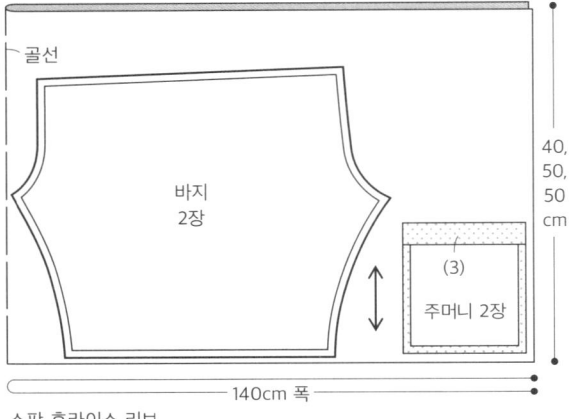

※ ( ) 안은 시접.
정해진 곳 이외의 시접은 1cm
※ 원단 필요량은 80/90/95사이즈
▨▨ 뒤에 접착심지,
늘어남 방지 접착테이프를 붙인다.

스판 후라이스 리브

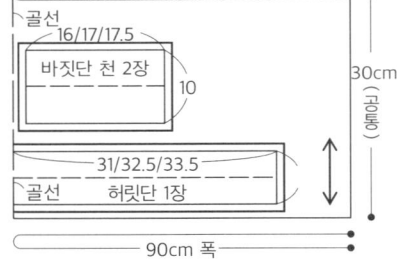

<바느질 순서>

1. 재단 배치도를 참조하여 원단을 마른다.

7. 납작 고무줄을 끼운다.
(55쪽 참조)

6. 허릿단을 단다.

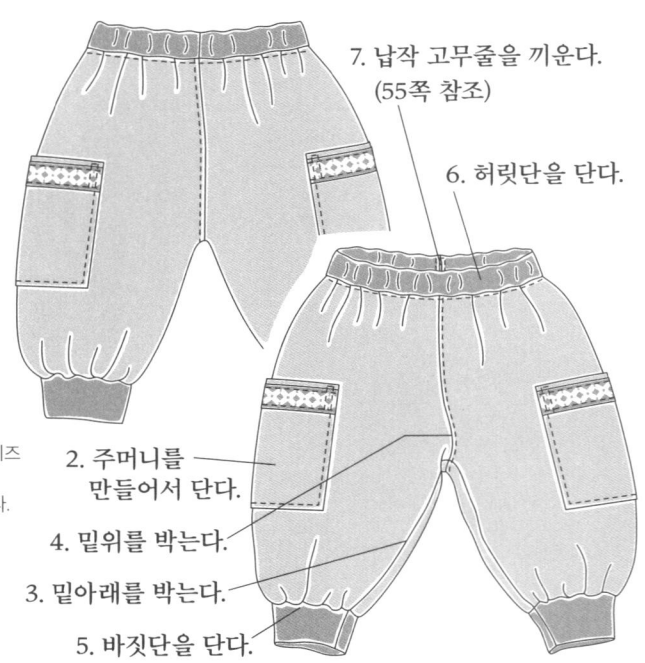

2. 주머니를 만들어서 단다.

4. 밑위를 박는다.

3. 밑아래를 박는다.

5. 바짓단을 단다.

2. 주머니를 만들어서 단다.

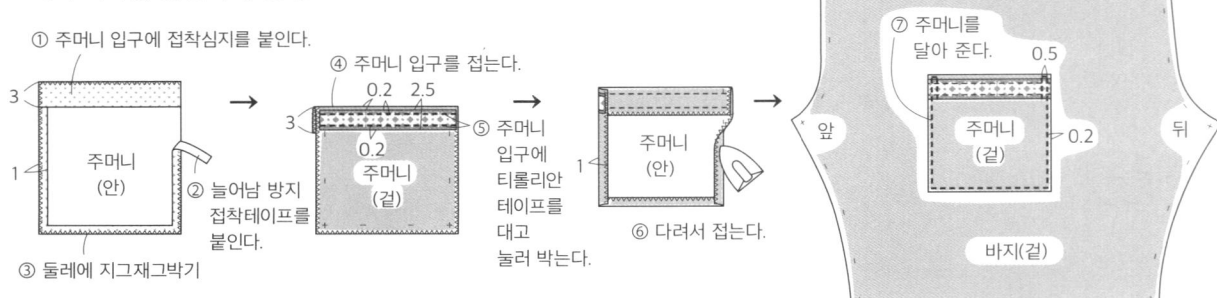

① 주머니 입구에 접착심지를 붙인다.
② 늘어남 방지 접착테이프를 붙인다.
③ 둘레에 지그재그박기
④ 주머니 입구를 접는다.
⑤ 주머니 입구에 티롤리안 테이프를 대고 눌러 박는다.
⑥ 다려서 접는다.
⑦ 주머니를 달아 준다.

3. 밑아래를 박는다.

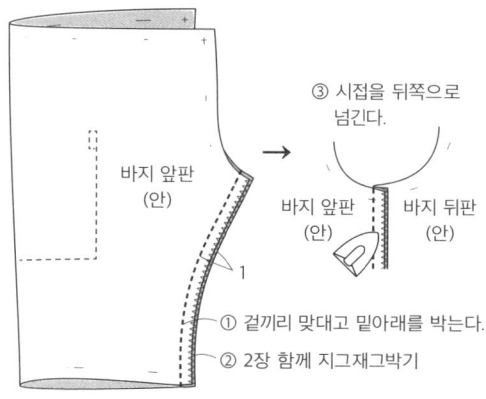

③ 시접을 뒤쪽으로 넘긴다.

바지 앞판 (안)

바지 앞판 (안)   바지 뒤판 (안)

① 겉끼리 맞대고 밑아래를 박는다.
② 2장 함께 지그재그박기

1

4. 밑위를 박는다.

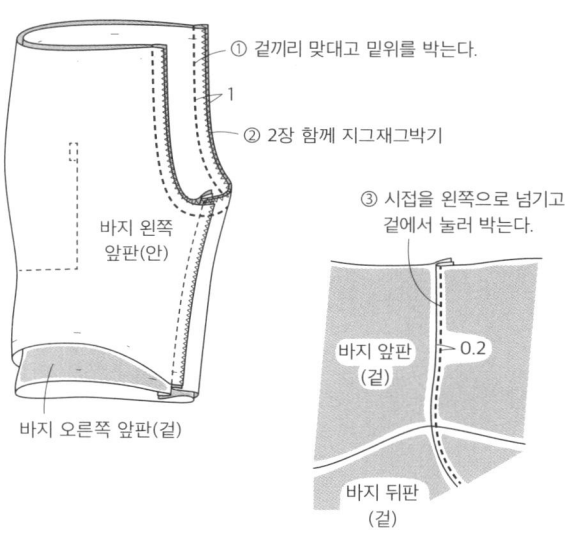

① 겉끼리 맞대고 밑위를 박는다.
1
② 2장 함께 지그재그박기

바지 왼쪽 앞판(안)

바지 오른쪽 앞판(겉)

③ 시접을 왼쪽으로 넘기고 겉에서 눌러 박는다.

바지 앞판 (겉)   0.2

바지 뒤판 (겉)

5. 바짓단을 단다.

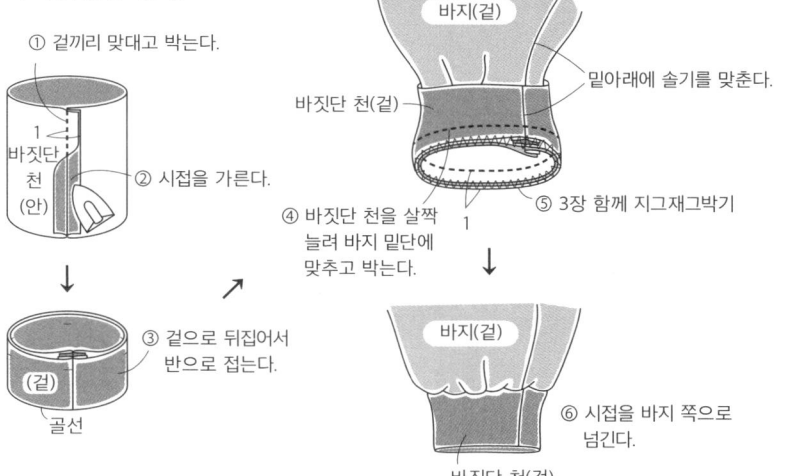

① 겉끼리 맞대고 박는다.

1
바짓단 천 (안)

② 시접을 가른다.

③ 겉으로 뒤집어서 반으로 접는다.

(겉)

골선

바지(겉)

바짓단 천(겉)

밑아래에 솔기를 맞춘다.

④ 바짓단 천을 살짝 늘려 바지 밑단에 맞추고 박는다.

1

⑤ 3장 함께 지그재그박기

바지(겉)

⑥ 시접을 바지 쪽으로 넘긴다.

바짓단 천(겉)

6. 허릿단을 단다.

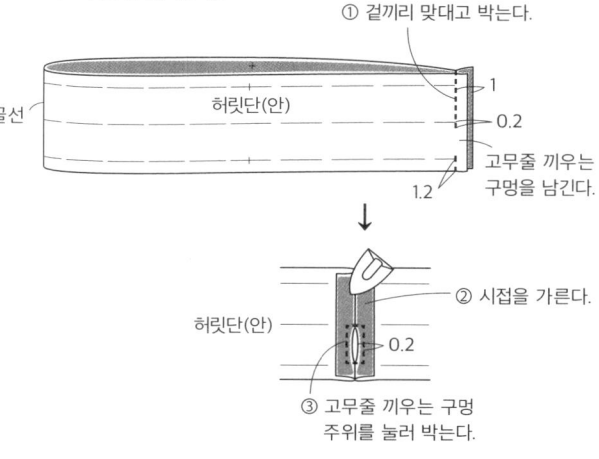

① 겉끼리 맞대고 박는다.

골선   허릿단(안)

1
0.2

1.2   고무줄 끼우는 구멍을 남긴다.

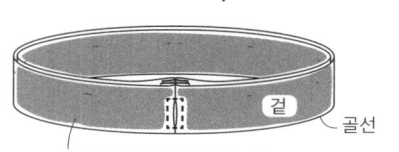

② 시접을 가른다.

허릿단(안)   0.2

③ 고무줄 끼우는 구멍 주위를 눌러 박는다.

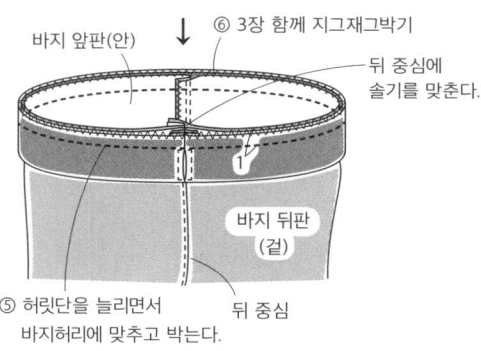

(겉)   골선

④ 허릿단을 반으로 접는다.

바지 앞판(안)   ⑥ 3장 함께 지그재그박기

뒤 중심에 솔기를 맞춘다.

바지 뒤판 (겉)

⑤ 허릿단을 늘리면서 바지허리에 맞추고 박는다.   뒤 중심

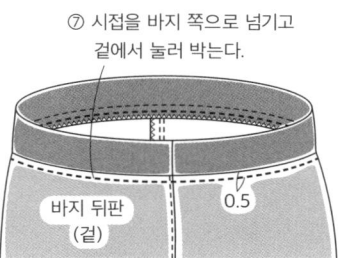

⑦ 시접을 바지 쪽으로 넘기고 겉에서 눌러 박는다.

바지 뒤판 (겉)   0.5

F 퍼프소매 블라우스

작품 12쪽 실물 크기 옷본 B면

❋ 완성 치수(80/90/95사이즈)
   가슴둘레 62.5/66/68cm
   기장 33/36.5/39cm

❋ 재료(80/90/95사이즈)
   평직 니트 180cm 폭 50/50/60cm
   리버티 프린트 40×40cm(공통)
   니트용 접착심지 20×10cm(공통)
   1.2cm 너비 늘어남 방지 접착테이프 20cm(공통)
   지름 1.5cm 단추 3개(공통)
   ※ 니트용 접착심지, 늘어남 방지 접착테이프,
   재봉틀 바늘, 재봉실을 사용합니다.

<재단 배치도>

평직 니트

안단 2.5 (0)
어깨선 (0)
겉면
어깨선 (0)
2.5 안단 (0)
2 밑덧단
1.2
늘어남 방지 접착테이프
2
뒤 몸판 1장
앞 몸판 1장
(2)
(2)

소맷부리 천 2장
18/19/19.5
4
골선

소매 2장
(0)

50, 50, 60cm

180cm 폭

리버티 프린트

목둘레용 바이어스 천 1장 4×45
겉면
40cm
40cm

※ 시중에서 파는 바이어스테이프를 써도 좋다.
※ ( ) 안은 시접. 정해진 곳 이외의 시접은 1cm
※ 원단 필요량은 80/90/95사이즈
▨ 뒤에 접착심지, 늘어남 방지 접착테이프를 붙인다.

<바느질 순서>

1. 재단 배치도를 참조하여 원단을 마르고,
   정해진 자리에 접착심지와 늘어남 방지
   접착테이프를 붙인다.

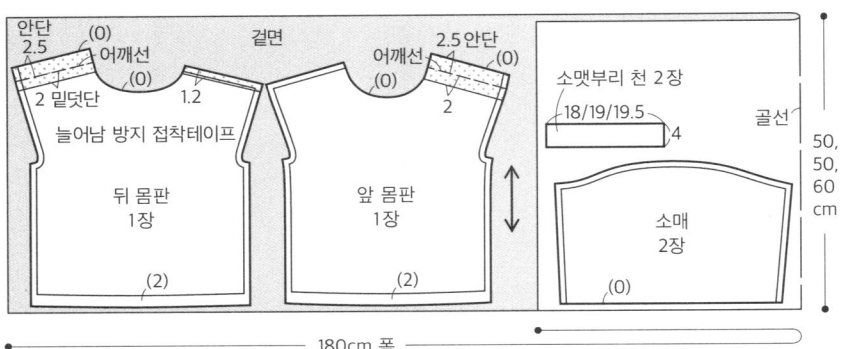

4. 목둘레를 박는다.

2. 오른쪽 어깨선을 박는다.
   (48쪽 참조)

9. 단춧구멍을 만들고
   단추를 단다.

3. 왼쪽 어깨 트임을
   박는다.

8. 소맷부리를 박는다.

5. 소매를 단다.

7. 소매 옆선에서부터 몸판 옆선까지
   이어서 박는다(49쪽 참조).

6. 밑단을 박는다(49쪽 참조).

3. 왼쪽 어깨 트임을 박는다.

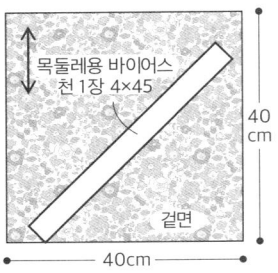

② 안단을 접어서 박는다.
① 지그재그박기
뒤 몸판(안)
2
2.5
앞 몸판(겉)
2.5

4. 목둘레를 박는다.

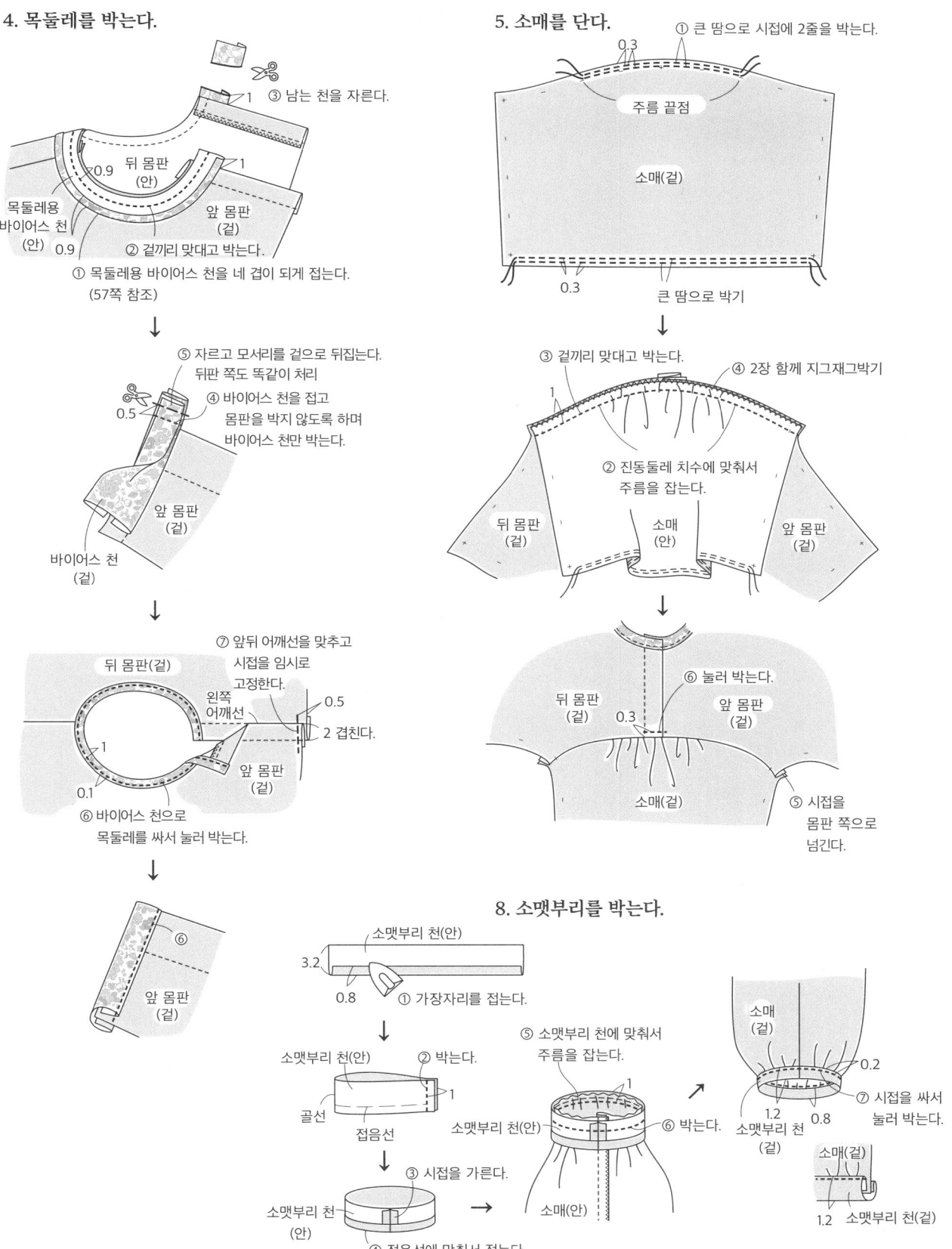

③ 남는 천을 자른다.

뒤 몸판
(안)

0.9

1

목둘레용
바이어스 천
(안) 0.9

앞 몸판
(겉)

② 겉끼리 맞대고 박는다.

① 목둘레용 바이어스 천을 네 겹이 되게 접는다.
(57쪽 참조)

⑤ 자르고 모서리를 겉으로 뒤집는다.
뒤판 쪽도 똑같이 처리

0.5

④ 바이어스 천을 접고
몸판을 박지 않도록 하며
바이어스 천만 박는다.

앞 몸판
(겉)

바이어스 천
(겉)

뒤 몸판(겉)

왼쪽
어깨선

0.5

2 겹친다.

앞 몸판
(겉)

1

0.1

⑦ 앞뒤 어깨선을 맞추고
시접을 임시로
고정한다.

⑥ 바이어스 천으로
목둘레를 싸서 눌러 박는다.

⑥

앞 몸판
(겉)

5. 소매를 단다.

① 큰 땀으로 시접에 2줄을 박는다.

0.3

주름 끝점

소매(겉)

0.3

큰 땀으로 박기

③ 겉끼리 맞대고 박는다.

④ 2장 함께 지그재그박기

1

② 진동둘레 치수에 맞춰서
주름을 잡는다.

뒤 몸판
(겉)

소매
(안)

앞 몸판
(겉)

뒤 몸판
(겉)

0.3

⑥ 눌러 박는다.

앞 몸판
(겉)

소매(겉)

⑤ 시접을
몸판 쪽으로
넘긴다.

8. 소맷부리를 박는다.

소맷부리 천(안)

3.2

0.8 ① 가장자리를 접는다.

소맷부리 천(안)

② 박는다.

골선

1

접음선

③ 시접을 가른다.

소맷부리 천
(안)

④ 접음선에 맞춰서 접는다.

⑤ 소맷부리 천에 맞춰서
주름을 잡는다.

1

소맷부리 천(안)

⑥ 박는다.

소매(안)

소매
(겉)

0.2

⑦ 시접을 싸서
눌러 박는다.

1.2

소맷부리 천
(겉)

0.8

소매(겉)

1.2 소맷부리 천(겉)

G 짧은 반바지
작품 12쪽 실물 크기 옷본 B면

✲ 완성 치수(80/90/95사이즈)
바지 기장 23/24.5/25cm

✲ 재료(80/90/95사이즈)
면 리넨 줄무늬 140cm 폭 70/70/80cm
1.5cm 너비 납작 고무줄 41/43/44cm
(허리둘레에 맞춰서 조정)
접착심지 30×30cm(공통)

<재단 배치도>

면 리넨 줄무늬

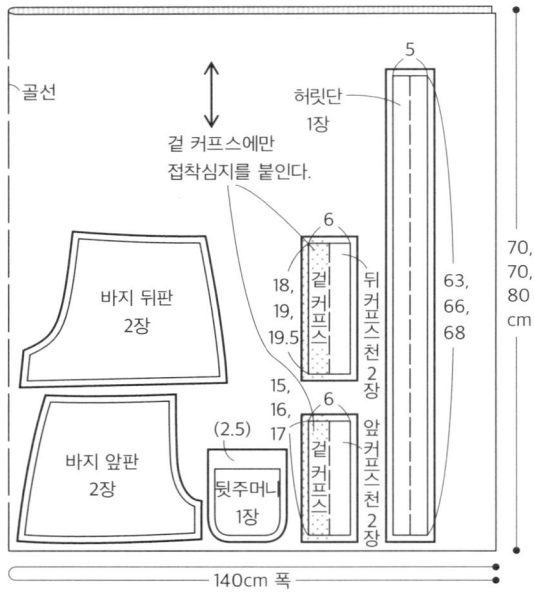

골선

겉 커프스에만
접착심지를 붙인다.

허릿단
1장

5

바지 뒤판
2장

6
겉
커
프
스

뒤
커
프
스
천
2
장

63,
66,
68

18,
19,
19.5

70,
70,
80
cm

15,
16,
17

(2.5)

6
겉
커
프
스

앞
커
프
스
천
2
장

바지 앞판
2장

뒷주머니
1장

140cm 폭

※ ( ) 안은 시접. 정해진 곳 이외의 시접은 1cm
※ 원단 필요량은 80/90/95사이즈
▨ 뒤에 접착심지를 붙인다.

<바느질 순서>

1. 재단 배치도를 참조하여 원단을 마르고,
   정해진 자리에 접착심지를 붙인다.

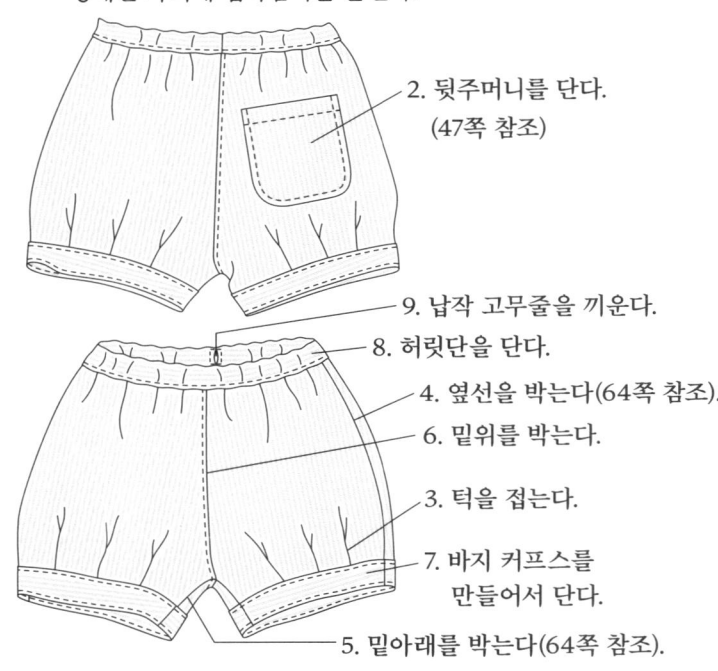

2. 뒷주머니를 단다.
   (47쪽 참조)

9. 납작 고무줄을 끼운다.

8. 허릿단을 단다.

4. 옆선을 박는다(64쪽 참조).

6. 밑위를 박는다.

3. 턱을 접는다.

7. 바지 커프스를
   만들어서 단다.

5. 밑아래를 박는다(64쪽 참조).

3. 턱을 접는다.

※ 바지 뒤판도 똑같이 처리

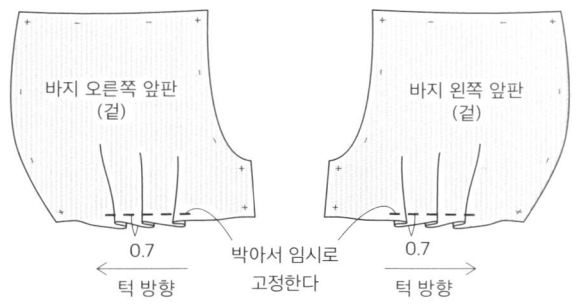

바지 오른쪽 앞판
(겉)

바지 왼쪽 앞판
(겉)

0.7

턱 방향

박아서 임시로
고정한다

0.7

턱 방향

6. 밑위를 박는다.

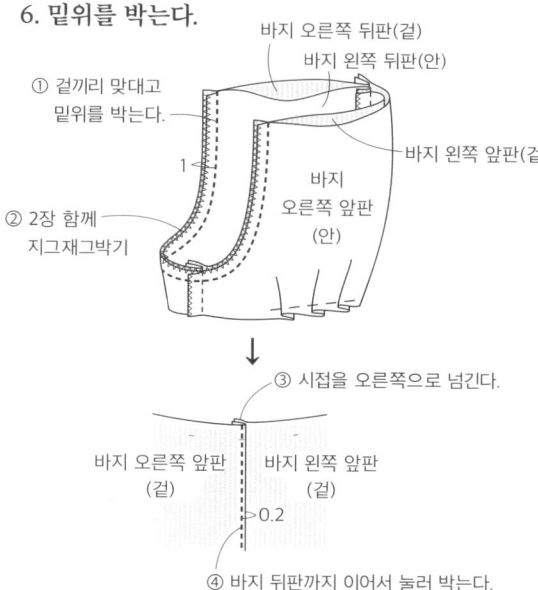

바지 오른쪽 뒤판(겉)
바지 왼쪽 뒤판(안)

① 겉끼리 맞대고 밑위를 박는다.

바지 왼쪽 앞판(겉)

바지 오른쪽 앞판(안)

1

② 2장 함께 지그재그박기

③ 시접을 오른쪽으로 넘긴다.

바지 오른쪽 앞판(겉)   바지 왼쪽 앞판(겉)

0.2

④ 바지 뒤판까지 이어서 눌러 박는다.

7. 바지 커프스를 만들어서 단다.

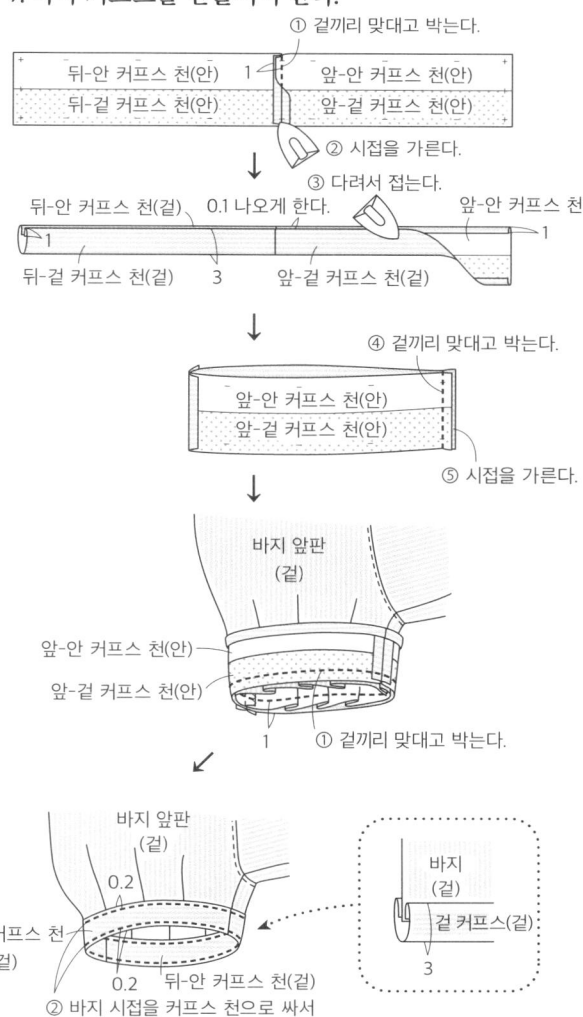

① 겉끼리 맞대고 박는다.

뒤-안 커프스 천(안) 1   앞-안 커프스 천(안)
뒤-겉 커프스 천(안)   앞-겉 커프스 천(안)

② 시접을 가른다.

③ 다려서 접는다.
0.1 나오게 한다.

뒤-안 커프스 천(겉)   앞-안 커프스 천(안)
1   1
뒤-겉 커프스 천(겉)   3   앞-겉 커프스 천(겉)

④ 겉끼리 맞대고 박는다.

앞-안 커프스 천(안)
앞-겉 커프스 천(안)

⑤ 시접을 가른다.

바지 앞판
(겉)

앞-안 커프스 천(안)
앞-겉 커프스 천(안)

1   ① 겉끼리 맞대고 박는다.

바지 앞판
(겉)

0.2
앞-겉 커프스 천
(겉)
0.2   뒤-안 커프스 천(겉)

바지
(겉)
겉 커프스(겉)
3

② 바지 시접을 커프스 천으로 싸서 눌러 박는다.

8. 허릿단을 단다.

① 맞춤점을 표시한다.

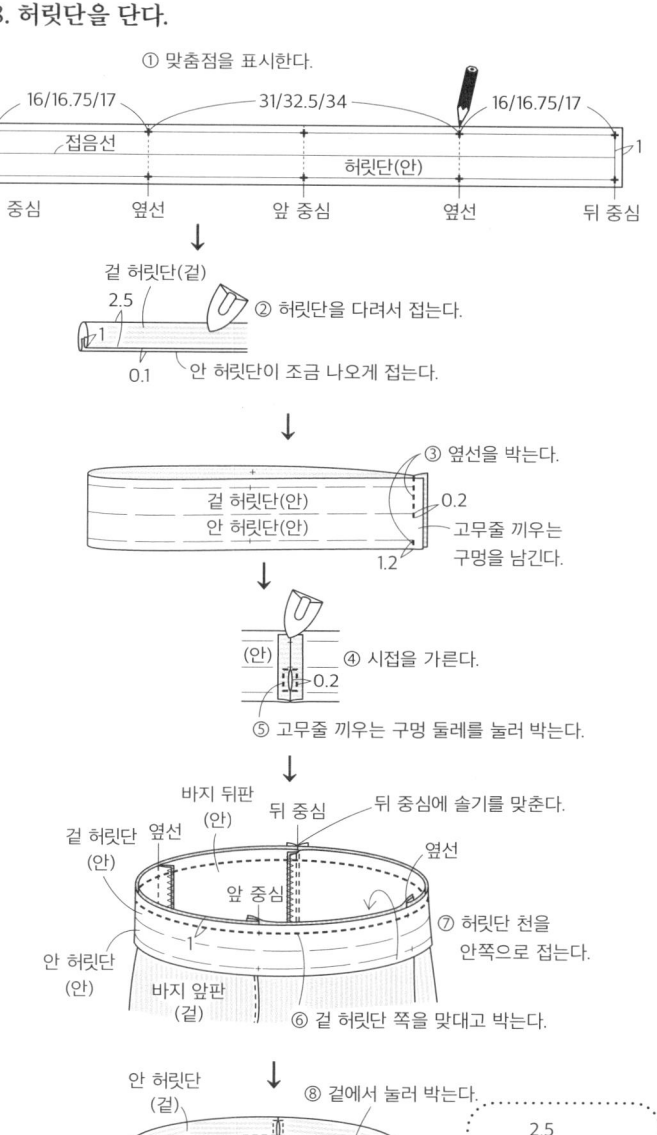

16/16.75/17   31/32.5/34   16/16.75/17
접음선   1
        허릿단(안)

뒤 중심   옆선   앞 중심   옆선   뒤 중심

겉 허릿단(겉)
2.5
1   ② 허릿단을 다려서 접는다.
0.1   안 허릿단이 조금 나오게 접는다.

③ 옆선을 박는다.

겉 허릿단(안)   0.2
안 허릿단(안)   고무줄 끼우는 구멍을 남긴다.
1.2

(안)   ④ 시접을 가른다.
0.2

⑤ 고무줄 끼우는 구멍 둘레를 눌러 박는다.

바지 뒤판
(안)   뒤 중심   뒤 중심에 솔기를 맞춘다.
겉 허릿단   옆선   옆선
(안)
안 허릿단   앞 중심
(안)   ⑦ 허릿단 천을 안쪽으로 접는다.
1
바지 앞판
(겉)   ⑥ 겉 허릿단 쪽을 맞대고 박는다.

안 허릿단
(겉)   ⑧ 겉에서 눌러 박는다.

2.5
겉 허릿단(겉)
바지(겉)

바지 앞판
(겉)
0.2
겉 허릿단(겉)

9. 납작 고무줄을 끼운다.

납작 고무줄을 끼우고 고무줄 끝을 겹쳐서 꿰맨다.

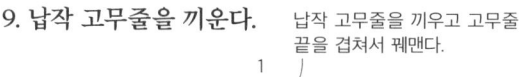

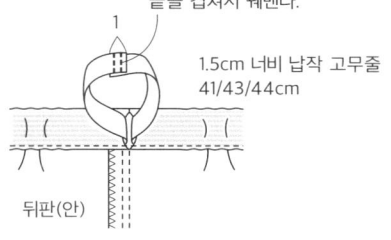

1

1.5cm 너비 납작 고무줄
41/43/44cm

뒤판(안)

55

H 스캘럽 레이스 캐미솔
작품 16쪽 실물 크기 옷본 C면

✳ 완성 치수(80/90/95사이즈)
가슴둘레 53.5/57.5/60cm
기장(어깨끈 제외) 28/32/34cm

✳ 재료(80/90/95사이즈)
면 론 스캘럽 자수 110cm 폭 150/160/170cm
※ 이 작품은 스캘럽 자수가 되어 있는 원단을
사용합니다. 스캘럽 없는 원단을 사용할 때는 앞
요크의 앞 가장자리와 몸판 밑단에 시접을 2cm
두어 재단하고 두 번 접어서 처리합니다.

<재단 배치도>

면 론 스캘럽 자수

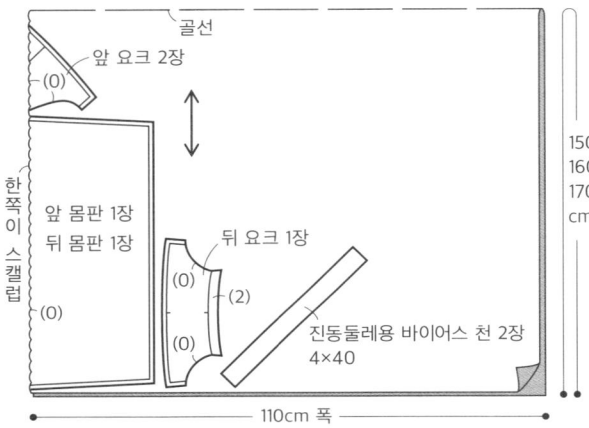

※ ( ) 안은 시접. 정해진 곳 이외의 시접은 1cm
※ 원단 필요량은 80/90/95 사이즈

<바느질 순서>

1. 재단 배치도를 참조하여 원단을 마른다.

2. 뒤 요크의
윗단을 박는다.

3. 요크 옆선을
박는다.

6. 진동둘레를 박는다.

5. 몸판과 요크를 잇는다.

4. 몸판 옆선을 박는다.

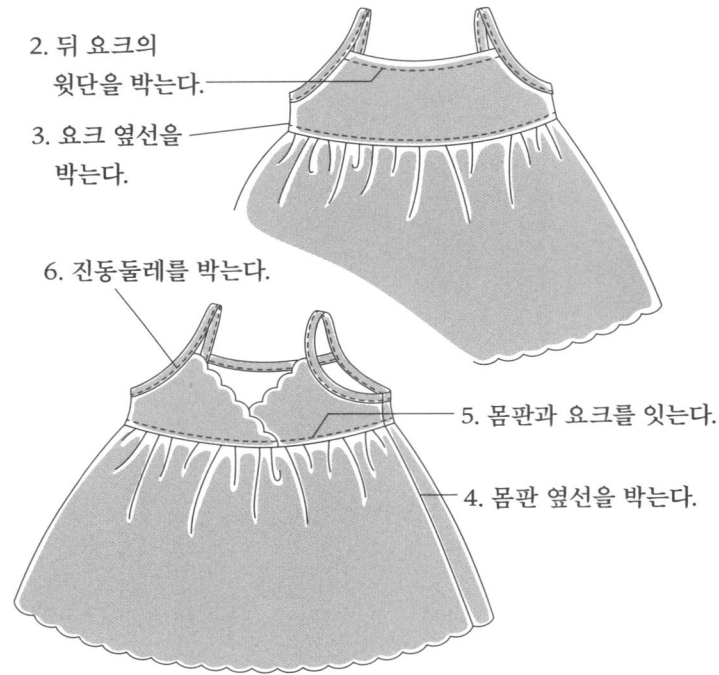

2. 뒤 요크의 윗단을 박는다.

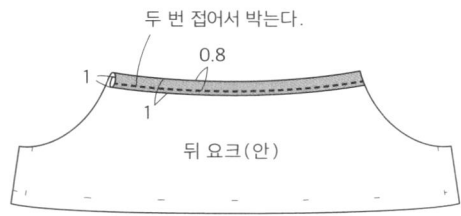

3. 요크 옆선을 박는다.

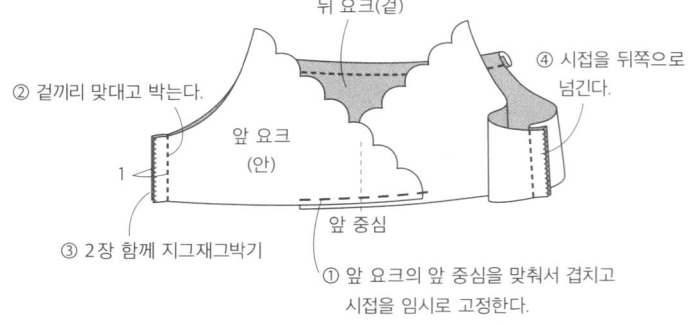

4. 몸판 옆선을 박는다.

※ 요크 옆선과 같은 방법으로 박는다.

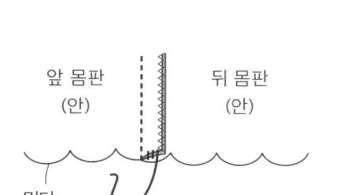

앞 몸판 (안)   뒤 몸판 (안)

밑단

밑단 쪽 시접을 뒤 몸판 쪽에 꿰매어 고정한다.

5. 몸판과 요크를 잇는다.

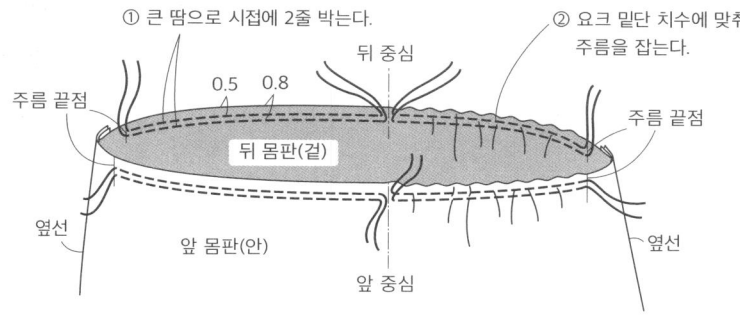

① 큰 땀으로 시접에 2줄 박는다.

② 요크 밑단 치수에 맞춰서 주름을 잡는다.

주름 끝점   뒤 중심   주름 끝점

0.5   0.8

뒤 몸판(겉)

옆선   옆선

앞 몸판(안)

앞 중심

↓

③ 요크와 몸판을 겉끼리 맞대고 박는다.

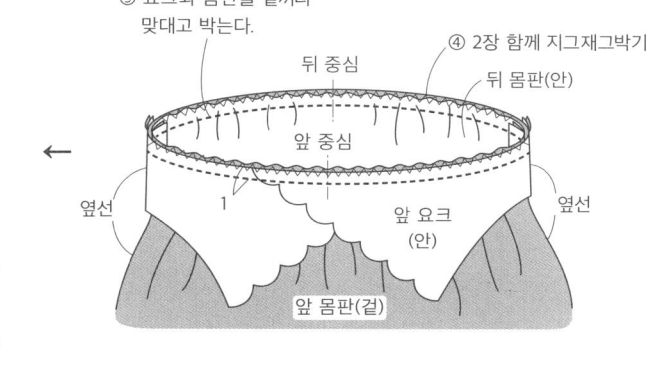

④ 2장 함께 지그재그박기

뒤 중심   뒤 몸판(안)

앞 중심

옆선   옆선

1   앞 요크 (안)

앞 몸판(겉)

←

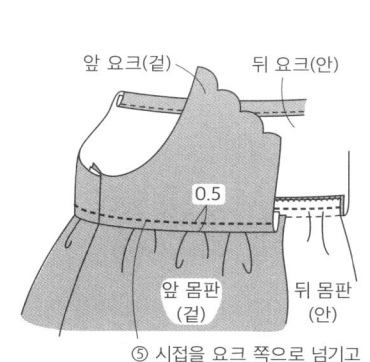

앞 요크(겉)   뒤 요크(안)

0.5

앞 몸판 (겉)   뒤 몸판 (안)

⑤ 시접을 요크 쪽으로 넘기고 겉에서 눌러 박는다.

6. 진동둘레를 박는다.

① 다려서 네 겹이 되게 접는다.

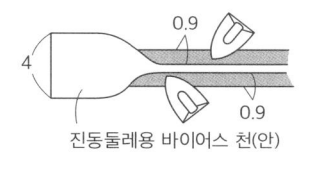

0.9

4

0.9

진동둘레용 바이어스 천(안)

→

골선   바이어스 천(겉)

→

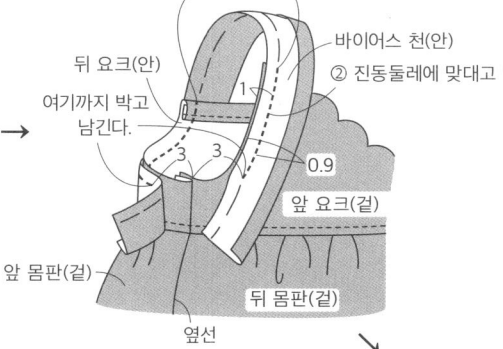

9/9.5/10

뒤 요크(안)   바이어스 천(안)

여기까지 박고 남긴다.   ② 진동둘레에 맞대고 박는다.

1

3   3

0.9   앞 요크(겉)

앞 몸판(겉)

뒤 몸판(겉)

옆선

↓

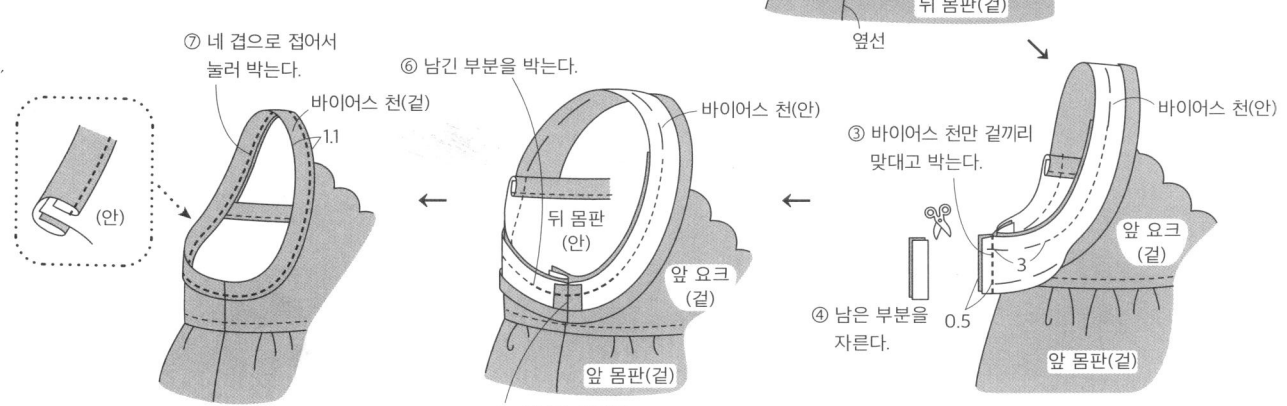

⑦ 네 겹으로 접어서 눌러 박는다.

바이어스 천(겉)

1.1

(안)

⑥ 남긴 부분을 박는다.

바이어스 천(안)

뒤 몸판 (안)

앞 요크 (겉)

앞 몸판(겉)

⑤ 시접을 가른다.

③ 바이어스 천만 겉끼리 맞대고 박는다.

바이어스 천(안)

앞 요크 (겉)

3

④ 남은 부분을 자른다.   0.5

앞 몸판(겉)

홀터넥 멜빵바지

작품 18쪽 실물 크기 옷본 B면

❋ 완성 치수(80/90/95사이즈)

가슴둘레 46/48/49cm

앞판 기장+바지 기장 38/43/46cm

❋ 재료(80/90/95사이즈)

리버티 마드라스체크 110cm 폭 90/90/100cm

1.5cm 너비 납작 고무줄 44/46/47cm

0.6cm 너비 납작 고무줄 104/108/110cm

<재단 배치도>

리버티 마드라스체크

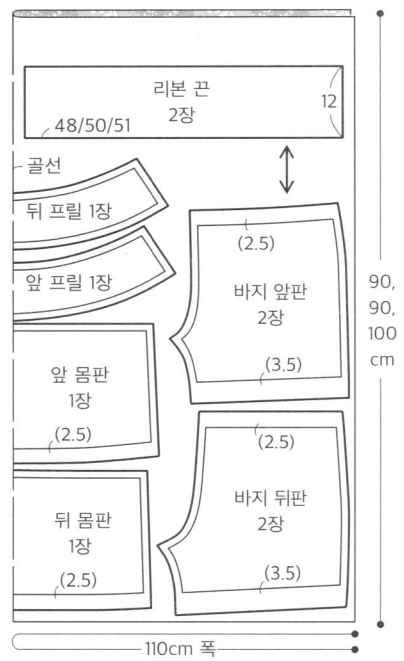

※ ( ) 안은 시접. 정해진 곳 이외의 시접은 1cm

※ 원단 필요량은 80/90/95사이즈

<바느질 순서>

1. 재단 배치도를 참조하여 원단을 마른다.

3. 프릴을 박는다.

4. 리본 끈을 박는다.

5. 프릴과 리본 끈을 몸판에 단다.

2. 몸판 옆선을 박는다.

9. 몸판과 바지를 잇는다.

7. 밑위를 박는다(65쪽 참조).

6. 바지 옆선과 밑아래를 박는다.
(64쪽 참조)

8. 밑단을 박는다.

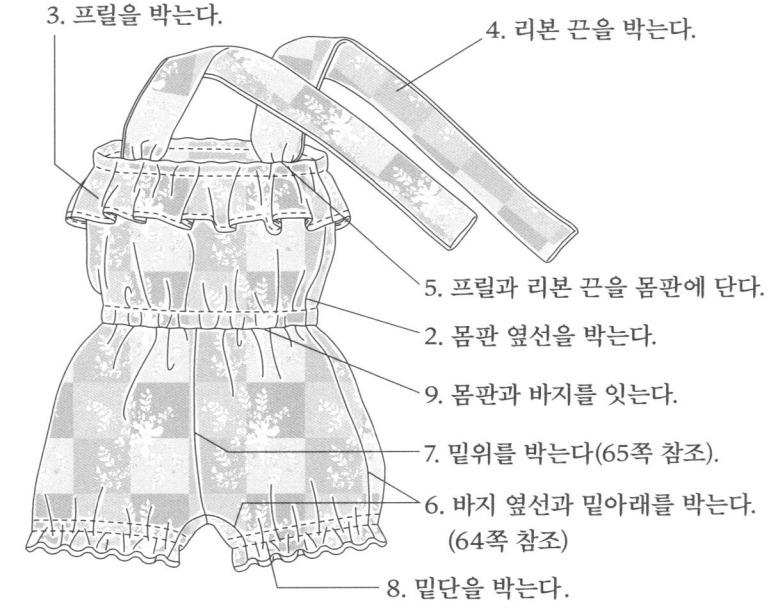

2. 몸판 옆선을 박는다.

① 겉끼리 맞대고 박는다.

뒤 몸판(겉)

1

앞 몸판(안)

② 2장 함께
지그재그박기

③ 시접을 뒤쪽으로 넘긴다.

3. 프릴을 박는다.

① 1장씩 가장자리에 지그재그박기

③ 시접을 가른다.

뒤 프릴(겉)

② 겉끼리 맞대고 박는다.

앞 프릴(안)

④ 두 번 접어서
박는다.

(안)

0.5

0.5

4. 리본 끈을 박는다.

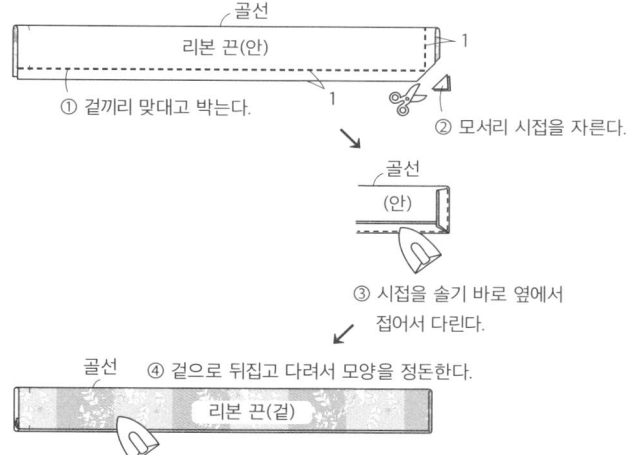

골선
리본 끈(안)
1
① 겉끼리 맞대고 박는다.
1
② 모서리 시접을 자른다.

골선
(안)
③ 시접을 솔기 바로 옆에서 접어서 다린다.

골선
④ 겉으로 뒤집고 다려서 모양을 정돈한다.
리본 끈(겉)

5. 프릴과 리본 끈을 몸판에 단다.

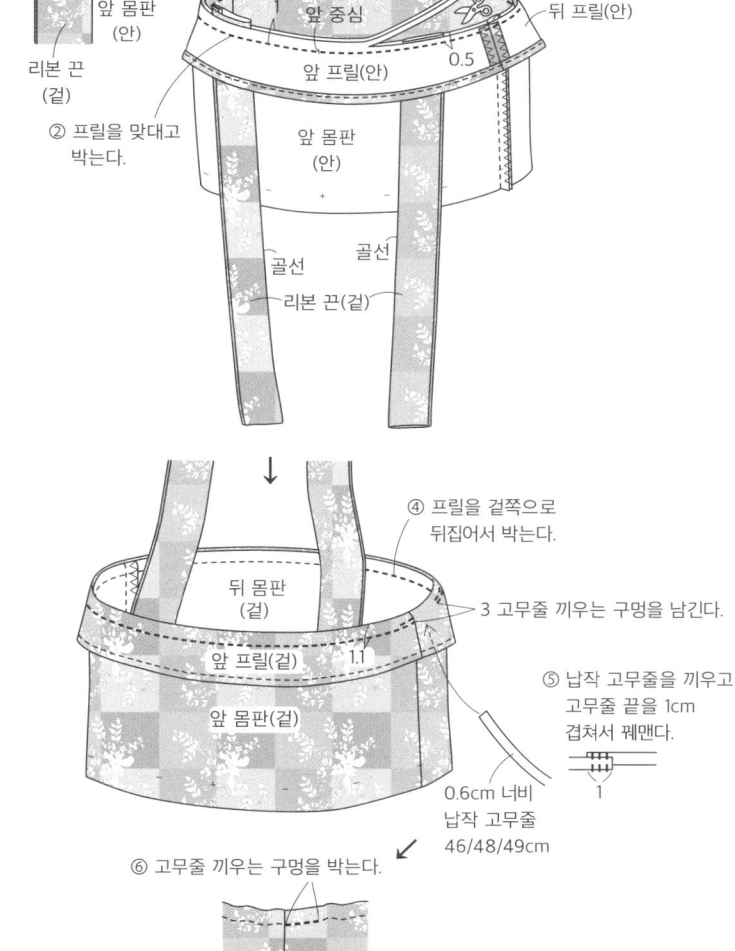

0.7
① 임시로 고정한다.
뒤 몸판 (겉)
뒤 중심
③ 시접을 자른다.
앞 몸판 (안)
리본 끈 (겉)
앞 중심
뒤 프릴(안)
② 프릴을 맞대고 박는다.
앞 프릴(안)
0.5
앞 몸판 (안)
골선
골선
리본 끈(겉)

④ 프릴을 겉쪽으로 뒤집어서 박는다.
뒤 몸판 (겉)
3 고무줄 끼우는 구멍을 남긴다.
앞 프릴(겉)
1.1
앞 몸판(겉)
⑤ 납작 고무줄을 끼우고 고무줄 끝을 1cm 겹쳐서 꿰맨다.
1
0.6cm 너비 납작 고무줄 46/48/49cm
⑥ 고무줄 끼우는 구멍을 박는다.

8. 밑단을 박는다.

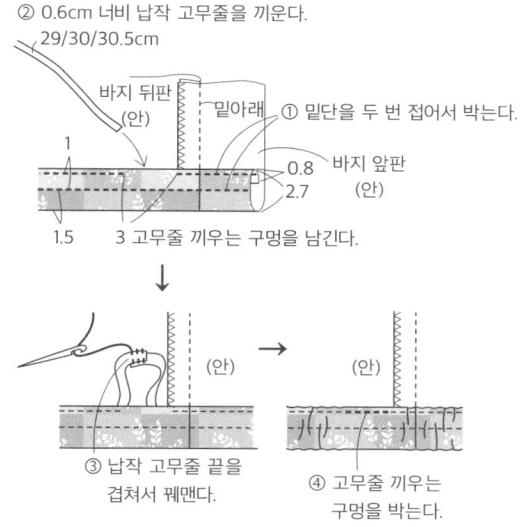

② 0.6cm 너비 납작 고무줄을 끼운다.
29/30/30.5cm
바지 뒤판 (안)
밑아래
① 밑단을 두 번 접어서 박는다.
1
0.8
바지 앞판 (안)
2.7
1.5
3 고무줄 끼우는 구멍을 남긴다.

③ 납작 고무줄 끝을 겹쳐서 꿰맨다.
(안)
(안)
④ 고무줄 끼우는 구멍을 박는다.

9. 몸판과 바지를 잇는다.

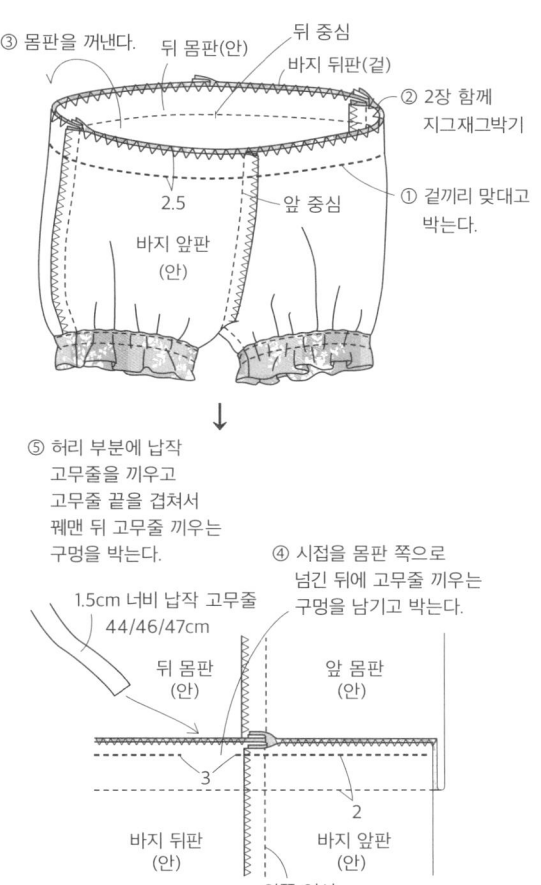

③ 몸판을 꺼낸다.
뒤 몸판(안)
뒤 중심
바지 뒤판(겉)
② 2장 함께 지그재그박기
① 겉끼리 맞대고 박는다.
2.5
앞 중심
바지 앞판 (안)

⑤ 허리 부분에 납작 고무줄을 끼우고 고무줄 끝을 겹쳐서 꿰맨 뒤 고무줄 끼우는 구멍을 박는다.
④ 시접을 몸판 쪽으로 넘긴 뒤에 고무줄 끼우는 구멍을 남기고 박는다.
1.5cm 너비 납작 고무줄 44/46/47cm
뒤 몸판 (안)
앞 몸판 (안)
3
2
바지 뒤판 (안)
바지 앞판 (안)
왼쪽 옆선

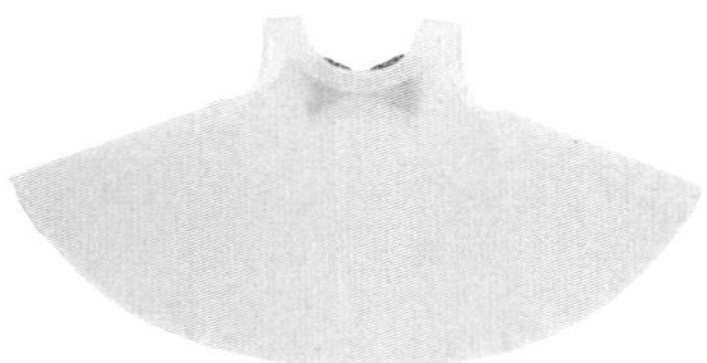

J 플레어 민소매 튜닉

작품 20쪽 실물 크기 옷본 B면

✳ 완성 치수(80/90/95사이즈)

가슴둘레 59/62.5/65cm

기장 33/36.5/39cm

✳ 재료(80/90/95사이즈)

면 론 110cm 폭 80/90/95cm

리버티 니트 25×20cm(공통)

접착심지 40×25cm(공통)

<재단 배치도>

면 론

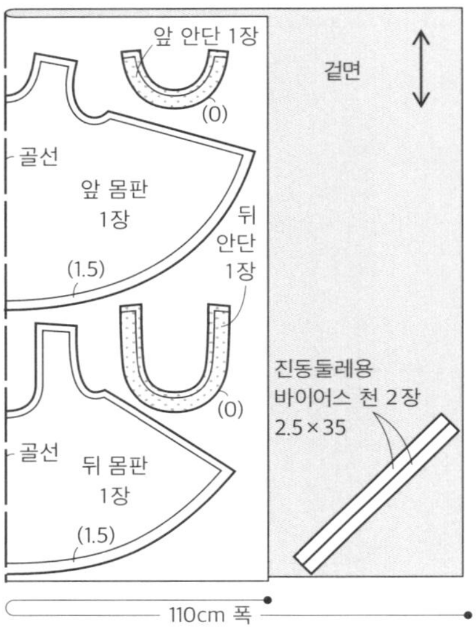

앞 안단 1장
(0)
겉면
골선
앞 몸판
1장
뒤
안단
1장
(1.5)
(0)
진동둘레용
바이어스 천 2장
2.5×35
골선
뒤 몸판
1장
(1.5)
80,
90,
95
cm
110cm 폭

리버티 니트

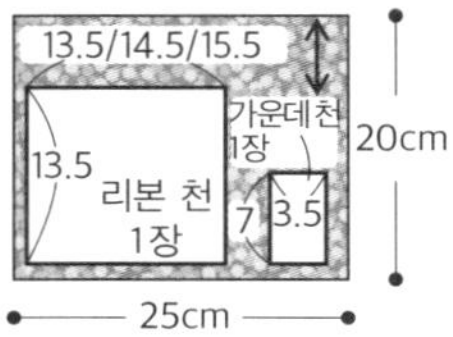

13.5/14.5/15.5
13.5
리본 천
1장
가운데 천
1장
7
3.5
20cm
25cm

※ () 안은 시접.

※ 정해진 곳 이외의 시접은 1cm

※ 원단 필요량은 80/90/95사이즈

▒ 뒤에 접착심지를 붙인다.

<바느질 순서>

1. 재단 배치도를 참조하여 원단을 마르고, 정해진 자리에 접착심지를 붙인다.

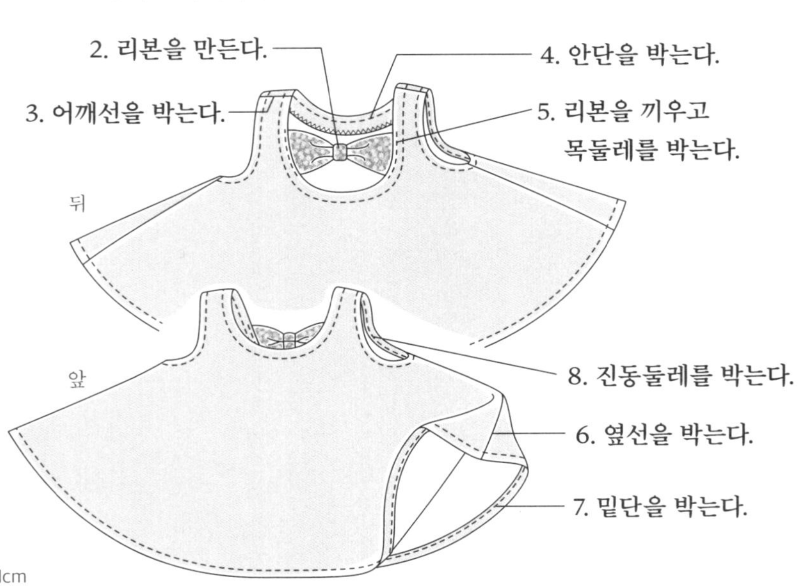

2. 리본을 만든다.
3. 어깨선을 박는다.
4. 안단을 박는다.
5. 리본을 끼우고
목둘레를 박는다.
뒤
앞
8. 진동둘레를 박는다.
6. 옆선을 박는다.
7. 밑단을 박는다.

2. 리본을 만든다.

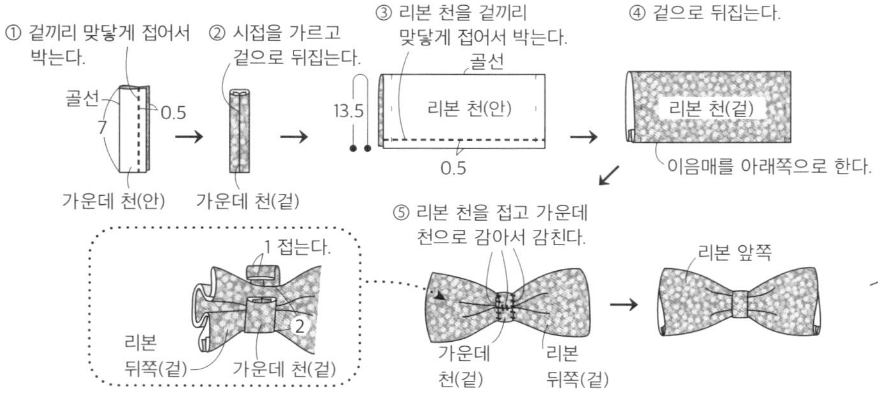

① 겉끼리 맞닿게 접어서
박는다.
골선
7
0.5
가운데 천(안)
② 시접을 가르고
겉으로 뒤집는다.
가운데 천(겉)
③ 리본 천을 겉끼리
맞닿게 접어서 박는다.
골선
13.5
리본 천(안)
0.5
④ 겉으로 뒤집는다.
리본 천(겉)
이음매를 아래쪽으로 한다.
1 접는다.
2
리본
뒤쪽(겉)
가운데 천(겉)
⑤ 리본 천을 접고 가운데
천으로 감아서 감친다.
가운데
천(겉)
리본
뒤쪽(겉)
리본 앞쪽

3. 어깨선을 박는다.

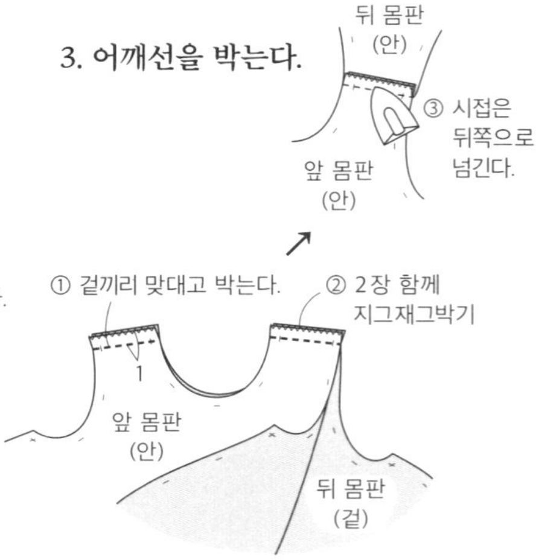

뒤 몸판
(안)
③ 시접은
뒤쪽으로
넘긴다.
앞 몸판
(안)
① 겉끼리 맞대고 박는다.
② 2장 함께
지그재그박기
1
앞 몸판
(안)
뒤 몸판
(겉)

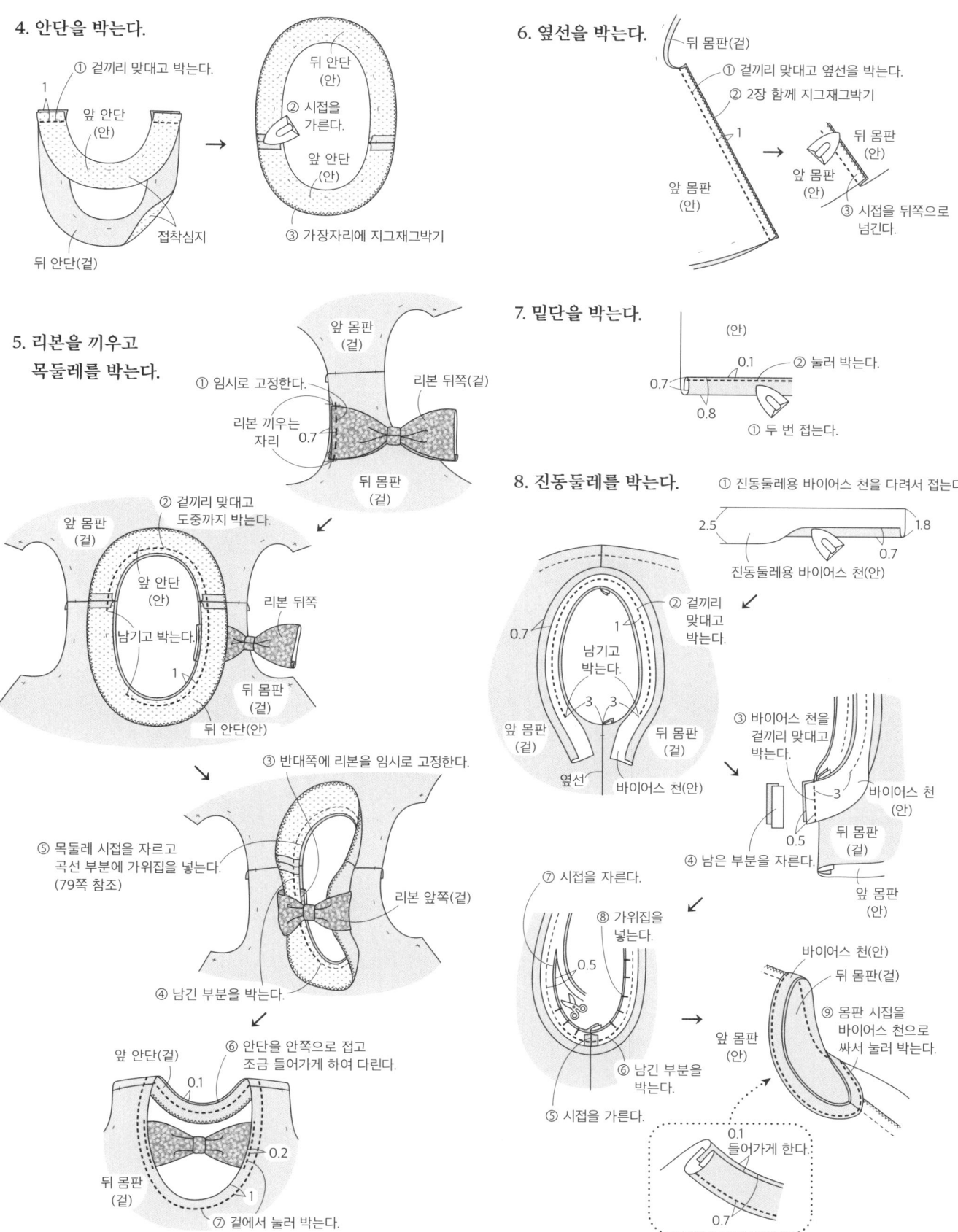

4. 안단을 박는다.

① 겉끼리 맞대고 박는다.

1

앞 안단(안)

접착심지

뒤 안단(겉)

뒤 안단(안)

② 시접을 가른다.

앞 안단(안)

③ 가장자리에 지그재그박기

5. 리본을 끼우고 목둘레를 박는다.

앞 몸판(겉)

① 임시로 고정한다.

리본 뒤쪽(겉)

리본 끼우는 자리 0.7

뒤 몸판(겉)

앞 몸판(겉)

② 겉끼리 맞대고 도중까지 박는다.

앞 안단(안)

남기고 박는다.

1

리본 뒤쪽

뒤 몸판(겉)

뒤 안단(안)

③ 반대쪽에 리본을 임시로 고정한다.

⑤ 목둘레 시접을 자르고 곡선 부분에 가위집을 넣는다. (79쪽 참조)

리본 앞쪽(겉)

④ 남긴 부분을 박는다.

앞 안단(겉)

0.1

⑥ 안단을 안쪽으로 접고 조금 들어가게 하여 다린다.

0.2

뒤 몸판(겉)

1

⑦ 겉에서 눌러 박는다.

6. 옆선을 박는다.

뒤 몸판(겉)

① 겉끼리 맞대고 옆선을 박는다.

② 2장 함께 지그재그박기

1

앞 몸판(안)

뒤 몸판(안)

앞 몸판(안)

③ 시접을 뒤쪽으로 넘긴다.

7. 밑단을 박는다.

(안)

0.7

0.1

② 눌러 박는다.

0.8

① 두 번 접는다.

8. 진동둘레를 박는다.

① 진동둘레용 바이어스 천을 다려서 접는다.

2.5

1.8

0.7

진동둘레용 바이어스 천(안)

0.7

1

② 겉끼리 맞대고 박는다.

남기고 박는다.

3 3

앞 몸판(겉)

뒤 몸판(겉)

옆선

바이어스 천(안)

③ 바이어스 천을 겉끼리 맞대고 박는다.

3

바이어스 천(안)

0.5

뒤 몸판(겉)

④ 남은 부분을 자른다.

앞 몸판(안)

⑦ 시접을 자른다.

⑧ 가위집을 넣는다.

0.5

⑥ 남긴 부분을 박는다.

⑤ 시접을 가른다.

앞 몸판(안)

바이어스 천(안)

뒤 몸판(겉)

⑨ 몸판 시접을 바이어스 천으로 싸서 눌러 박는다.

0.1 들어가게 한다.

0.7

61

K 박스 원피스

작품 22쪽 실물 크기 옷본 C면

✻ 완성 치수(80/90/95사이즈)
　가슴둘레 78.5/83.5/86.5cm
　기장 43.5/48/51.5cm

✻ 재료(80/90/95사이즈)
　민무늬 리넨 110cm 폭 80/90/95cm
　1.2cm 너비 늘어남 방지 접착테이프 30cm(공통)
　지름 1.1cm 단추 1개(공통)

<바느질 순서>

1. 재단 배치도를 참조하여 원단을 마르고,
　정해진 자리에 늘어남 방지 접착테이프를 붙인다.

<재단 배치도>

민무늬 리넨

※ ( ) 안은 시접. 정해진 곳 이외의 시접은 1cm
※ 원단 필요량은 80/90/95사이즈
▦ 뒤에 늘어남 방지 접착테이프를 붙인다.

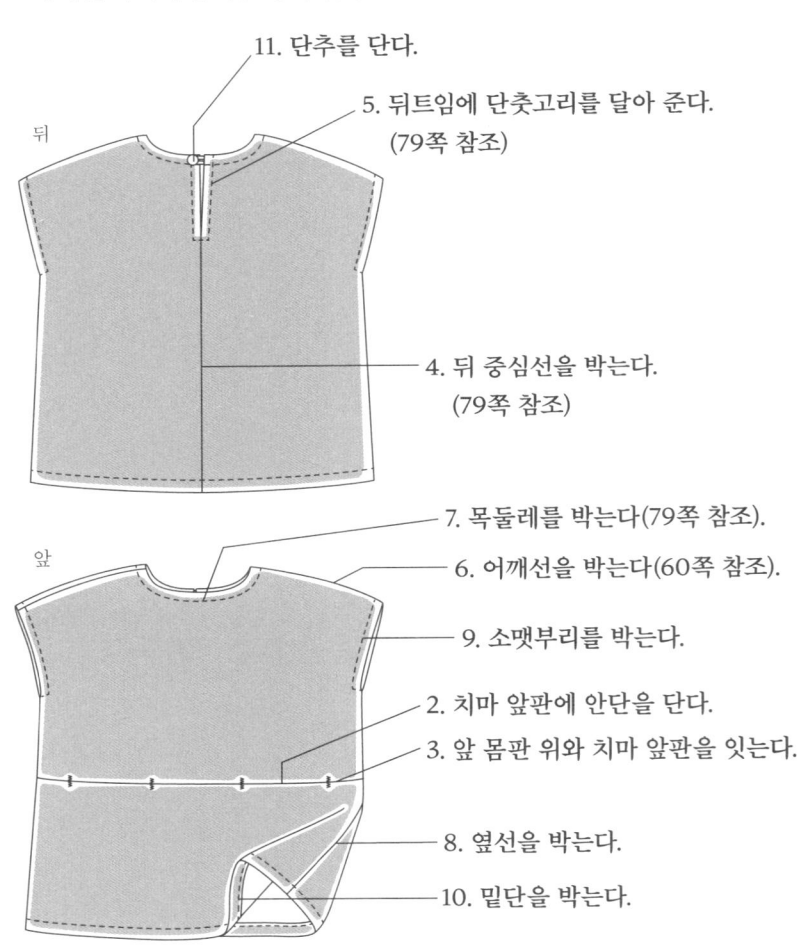

11. 단추를 단다.

5. 뒤트임에 단춧고리를 달아 준다.
　(79쪽 참조)

4. 뒤 중심선을 박는다.
　(79쪽 참조)

7. 목둘레를 박는다(79쪽 참조).

6. 어깨선을 박는다(60쪽 참조).

9. 소맷부리를 박는다.

2. 치마 앞판에 안단을 단다.

3. 앞 몸판 위와 치마 앞판을 잇는다.

8. 옆선을 박는다.

10. 밑단을 박는다.

2. 치마 앞판에 안단을 단다.

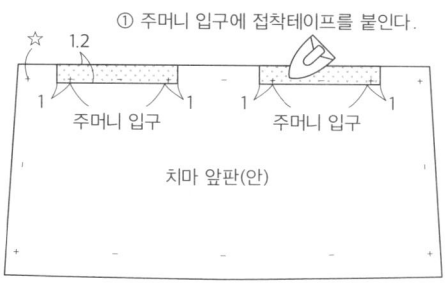

① 주머니 입구에 접착테이프를 붙인다.

☆
1.2
1 주머니 입구 1 주머니 입구 1

치마 앞판(안)

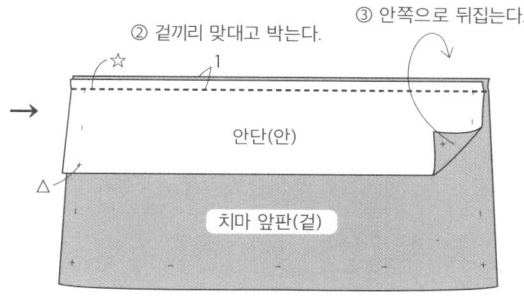

② 겉끼리 맞대고 박는다.

③ 안쪽으로 뒤집는다.

☆ 1

안단(안)

치마 앞판(겉)

△

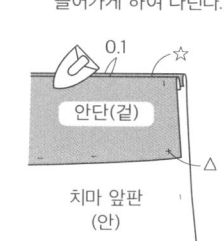

④ 안단을 조금 안쪽으로 들어가게 하여 다린다.

0.1 ☆

안단(겉)

△

치마 앞판
(안)

3. 앞 몸판 위와 치마 앞판을 잇는다.

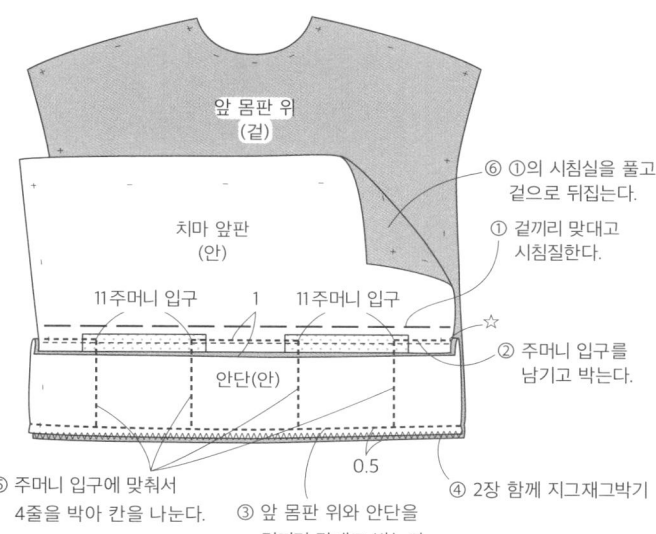

앞 몸판 위
(겉)

치마 앞판
(안)

11 주머니 입구   1   11 주머니 입구

☆

안단(안)

0.5

⑥ ①의 시침실을 풀고 겉으로 뒤집는다.

① 겉끼리 맞대고 시침질한다.

② 주머니 입구를 남기고 박는다.

④ 2장 함께 지그재그박기

③ 앞 몸판 위와 안단을 겉끼리 맞대고 박는다.

⑤ 주머니 입구에 맞춰서 4줄을 박아 칸을 나눈다.

↓

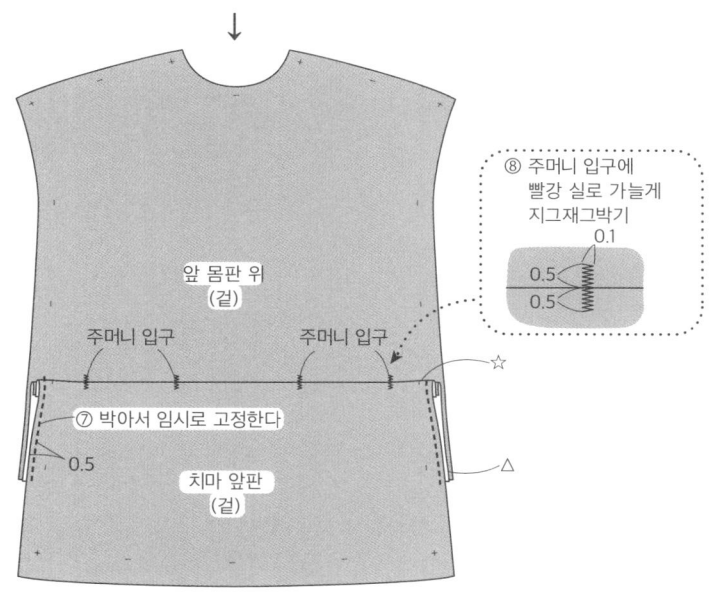

앞 몸판 위
(겉)

주머니 입구   주머니 입구

☆

⑦ 박아서 임시로 고정한다

0.5

치마 앞판
(겉)

△

⑧ 주머니 입구에 빨강 실로 가늘게 지그재그박기

0.1
0.5
0.5

8. 옆선을 박는다.

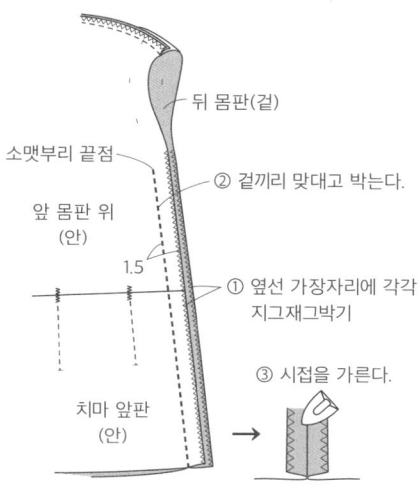

뒤 몸판(겉)

소맷부리 끝점

② 겉끼리 맞대고 박는다.

앞 몸판 위
(안)

1.5

① 옆선 가장자리에 각각 지그재그박기

치마 앞판
(안)

③ 시접을 가른다.

9. 소맷부리를 박는다.

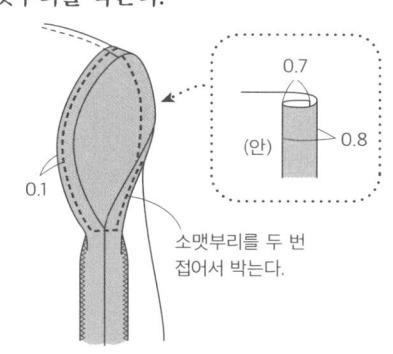

0.7

(안)   0.8

0.1

소맷부리를 두 번 접어서 박는다.

10. 밑단을 박는다.

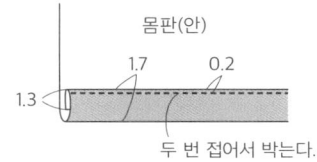

몸판(안)

1.7   0.2

1.3

두 번 접어서 박는다.

L 프린트 팬츠

작품 22쪽 실물 크기 옷본 D면
(L, V 공통)

※ 완성 치수(80/90/95사이즈)
　바지 기장 40/45/48cm

V 샴브레이 팬츠

작품 33쪽

※ 재료(80/90/95사이즈)
　면 프린트(V는 샴브레이) 110cm 폭 85/90/95cm
　1.5cm 너비 납작 고무줄 41/43/44cm
　(허리둘레에 맞춰서 조정)
　0.8cm 너비 납작 고무줄 38/40/41cm

<바느질 순서>

1. 재단 배치도를 참조하여 원단을 마른다.

<재단 배치도>

면 프린트

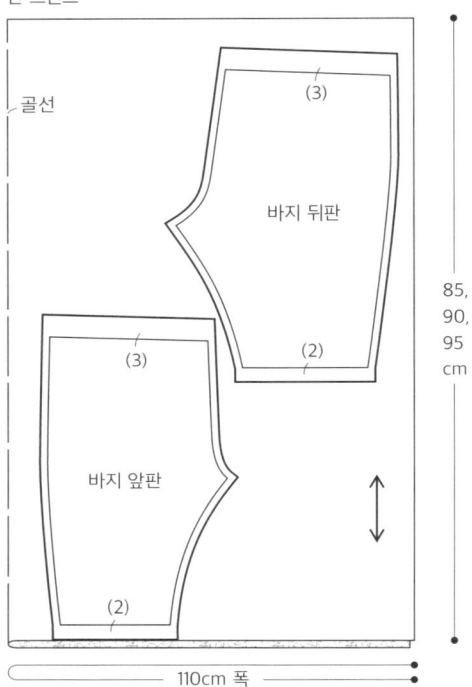

골선

바지 뒤판
(3)
(2)

바지 앞판
(3)
(2)

85,
90,
95
cm

110cm 폭

※ ( ) 안은 시접. 정해진 곳 이외의 시접은 1cm
※ 원단 필요량은 80/90/95 사이즈

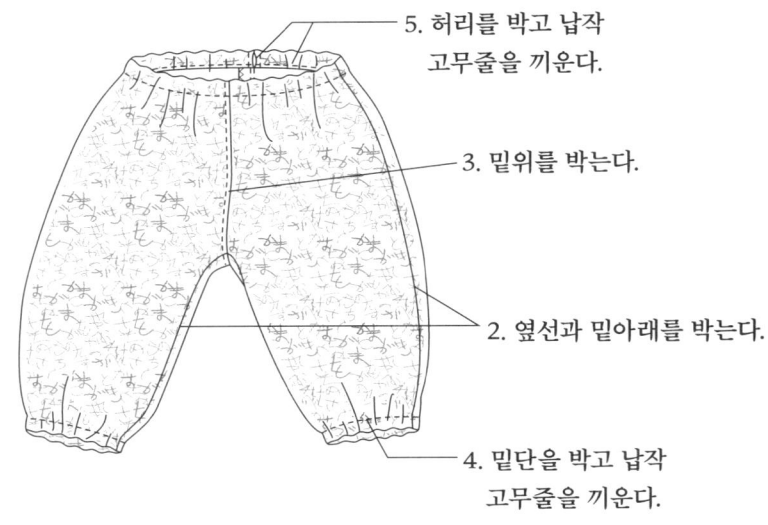

5. 허리를 박고 납작
고무줄을 끼운다.

3. 밑위를 박는다.

2. 옆선과 밑아래를 박는다.

4. 밑단을 박고 납작
고무줄을 끼운다.

2. 옆선과 밑아래를 박는다.

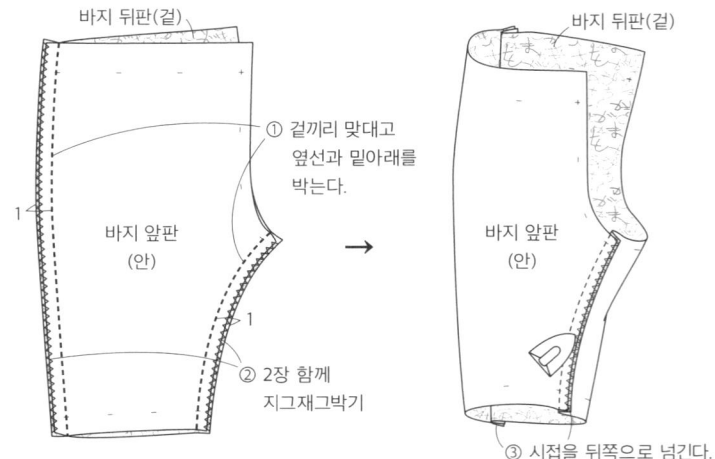

바지 뒤판(겉)

바지 앞판
(안)

1

① 겉끼리 맞대고
옆선과 밑아래를
박는다.

② 2장 함께
지그재그박기

바지 뒤판(겉)

바지 앞판
(안)

③ 시접을 뒤쪽으로 넘긴다.

3. 밑위를 박는다.

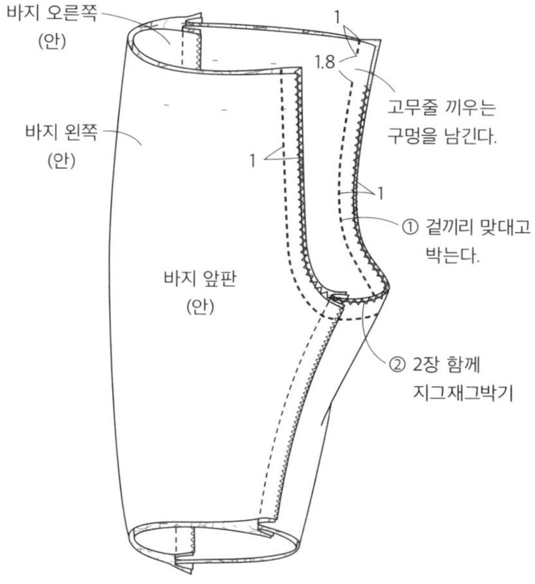

바지 오른쪽 (안)

바지 왼쪽 (안)

바지 앞판 (안)

1

1.8

고무줄 끼우는 구멍을 남긴다.

1

1

① 겉끼리 맞대고 박는다.

② 2장 함께 지그재그박기

↓

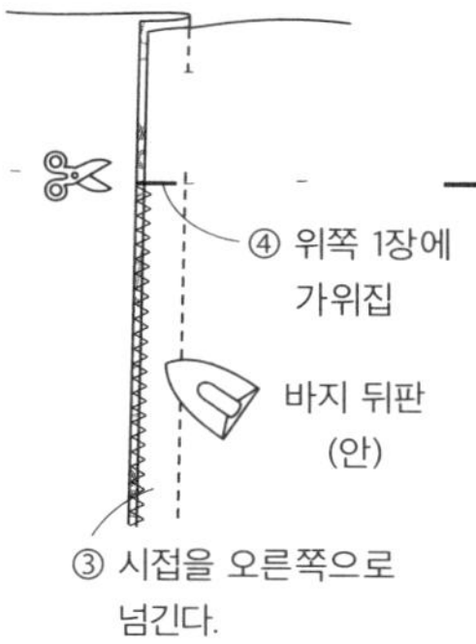

⑤ 시접을 가른다

0.2

바지 뒤판 (안)

④ 위쪽 1장에 가위집

바지 뒤판 (안)

⑥ 고무줄 끼우는 구멍 둘레를 겉에서 눌러 박는다.

③ 시접을 오른쪽으로 넘긴다.

↓

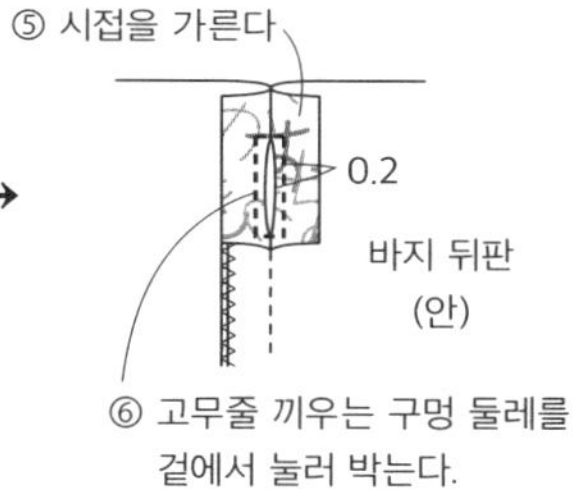

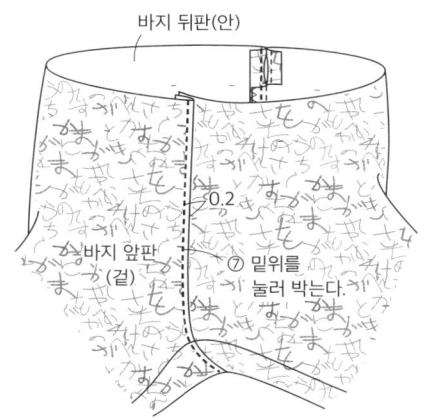

바지 뒤판(안)

0.2

바지 앞판 (겉)

⑦ 밑위를 눌러 박는다.

4. 밑단을 박고 납작 고무줄을 끼운다.

바지 앞판 (안)

고무줄 끼우는 구멍을 남긴다.

0.8

1.2

3

① 두 번 접어서 박는다.

↓

② 납작 고무줄을 끼우고 고무줄 끝을 겹쳐서 꿰맨다.

1

바지(안)

0.8cm 너비 납작 고무줄 19/20/20.5cm

↓

바지(안)

③ 고무줄 끼우는 구멍을 박는다.

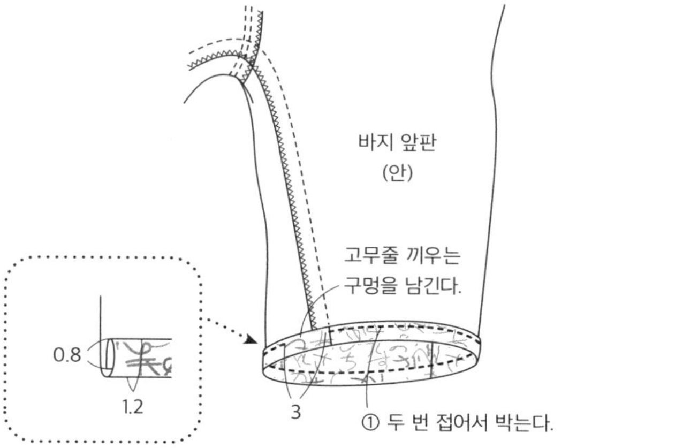

5. 허리를 박고 납작 고무줄을 끼운다.

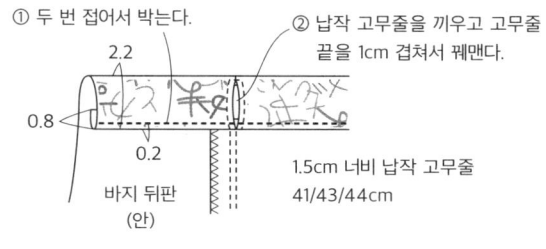

① 두 번 접어서 박는다.

2.2

② 납작 고무줄을 끼우고 고무줄 끝을 1cm 겹쳐서 꿰맨다.

0.8

0.2

바지 뒤판 (안)

1.5cm 너비 납작 고무줄 41/43/44cm

M 판초

작품 24쪽 실물 크기 옷본 C면

✳ 완성 치수(80/90/95사이즈)
　가슴둘레 65/74/80cm
　기장 31.5/34.5/36.5cm

✳ 재료(80/90/95사이즈)
　이중 거즈 110cm 폭 90/90/100cm
　접착심지 10×10cm(공통)
　지름 1.2cm 단추 1개(공통)

<재단 배치도>

이중 거즈

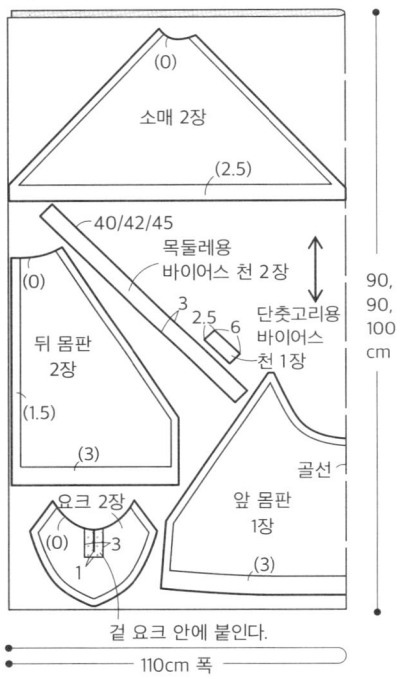

소매 2장 (0) (2.5)

40/42/45
목둘레용
바이어스 천 2장

(0) 3 2.5 6
단춧고리용
바이어스
천 1장

뒤 몸판
2장

(1.5) (3)

요크 2장 (0) 3 1 앞 몸판 1장 골선 (3)

90, 90, 100 cm

겉 요크 안에 붙인다.

◀── 110cm 폭 ──▶

※ ( ) 안은 시접. 정해진 곳 이외의 시접은 1cm
※ 원단 필요량은 80/90/95사이즈
▨ 뒤에 접착심지를 붙인다.

<바느질 순서>

1. 재단 배치도를 참조하여 원단을 마르고,
   정해진 자리에 접착심지를 붙인다.

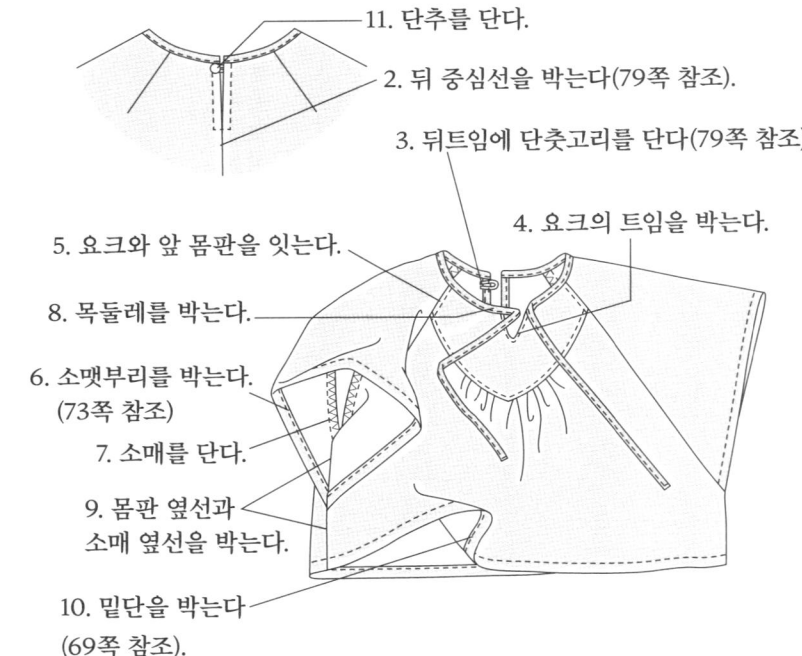

11. 단추를 단다.

2. 뒤 중심선을 박는다(79쪽 참조).

3. 뒤트임에 단춧고리를 단다(79쪽 참조).

4. 요크의 트임을 박는다.

5. 요크와 앞 몸판을 잇는다.

8. 목둘레를 박는다.

6. 소맷부리를 박는다.
   (73쪽 참조)

7. 소매를 단다.

9. 몸판 옆선과
   소매 옆선을 박는다.

10. 밑단을 박는다
    (69쪽 참조).

4. 요크의 트임을 박는다.

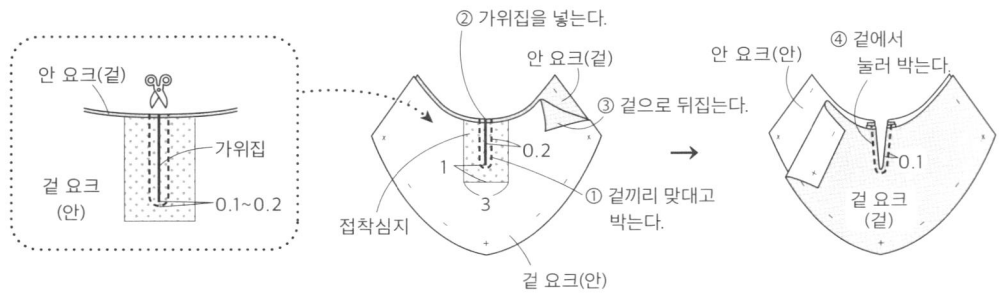

안 요크(겉)　　✂

겉 요크
(안)

가위집

0.1~0.2

② 가위집을 넣는다.

안 요크(겉)

0.2

1

3

접착심지

겉 요크(안)

③ 겉으로 뒤집는다.

① 겉끼리 맞대고
   박는다.

안 요크(안)　　④ 겉에서
　　　　　　　　눌러 박는다.

0.1

겉 요크
(겉)

5. 요크와 앞 몸판을 잇는다.

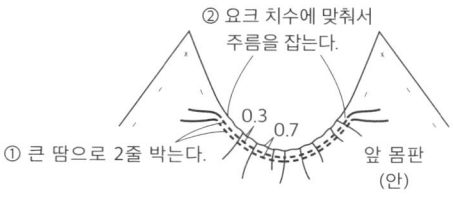

② 요크 치수에 맞춰서 주름을 잡는다.
0.3 0.7
① 큰 땀으로 2줄 박는다.
앞 몸판 (안)

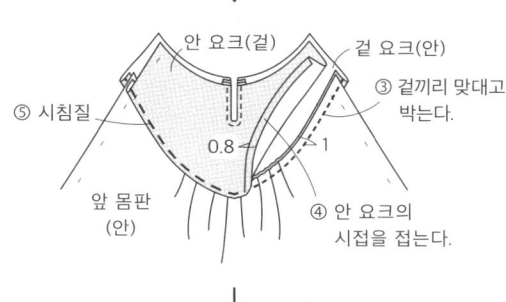

안 요크(겉) 겉 요크(안)
③ 겉끼리 맞대고 박는다.
⑤ 시침질
0.8 1
앞 몸판 (안)
④ 안 요크의 시접을 접는다.

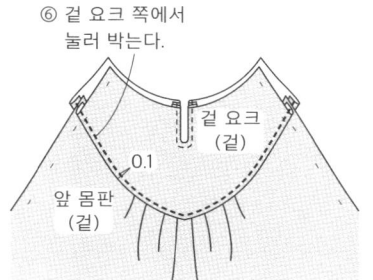

⑥ 겉 요크 쪽에서 눌러 박는다.
겉 요크 (겉)
0.1
앞 몸판 (겉)

7. 소매를 단다.

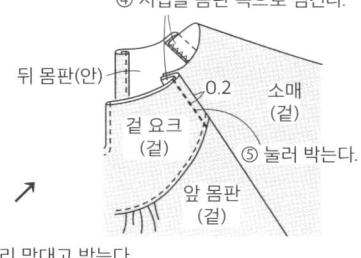

④ 시접을 몸판 쪽으로 넘긴다.
뒤 몸판(안)
0.2 소매 (겉)
겉 요크 (겉)
⑤ 눌러 박는다.
앞 몸판 (겉)

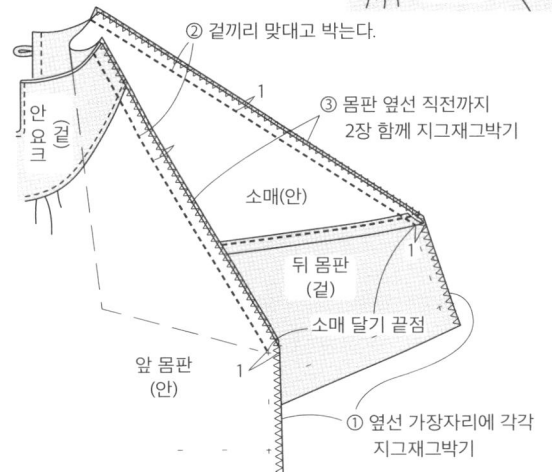

② 겉끼리 맞대고 박는다.
안 요크 (겉)
1
③ 몸판 옆선 직전까지 2장 함께 지그재그박기
소매(안)
뒤 몸판 (겉)
1
소매 달기 끝점
앞 몸판 (안)
1
① 옆선 가장자리에 각각 지그재그박기

8. 목둘레를 박는다.

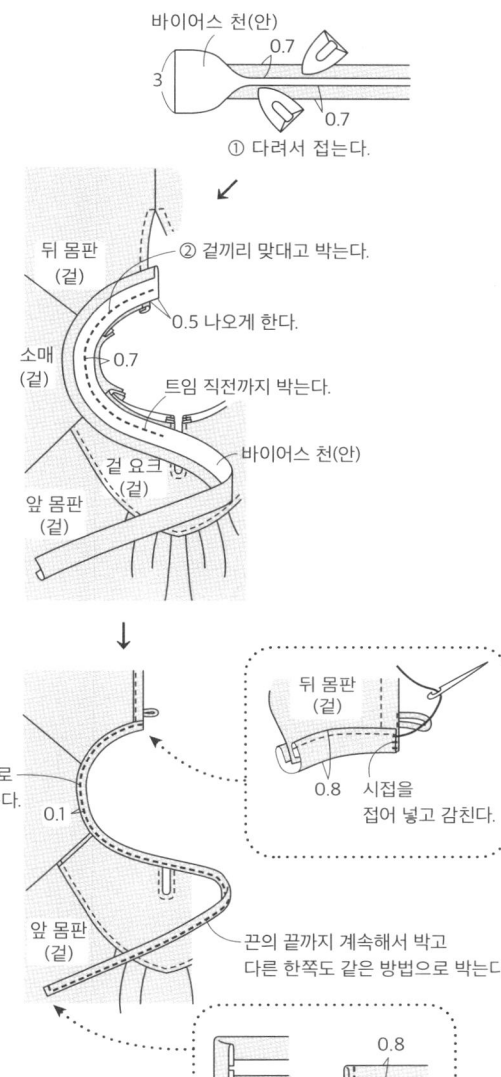

바이어스 천(안)
3 0.7
0.7
① 다려서 접는다.

뒤 몸판 (겉)
② 겉끼리 맞대고 박는다.
0.5 나오게 한다.
소매 (겉) 0.7
틈임 직전까지 박는다.
겉 요크 (겉)
바이어스 천(안)
앞 몸판 (겉)

③ 바이어스 천으로 싸서 눌러 박는다.
0.1
앞 몸판 (겉)

뒤 몸판 (겉)
0.8 시접을 접어 넣고 감친다.

끈의 끝까지 계속해서 박고 다른 한쪽도 같은 방법으로 박는다.

0.5 접는다. 0.8

9. 몸판 옆선과 소매 옆선을 박는다.

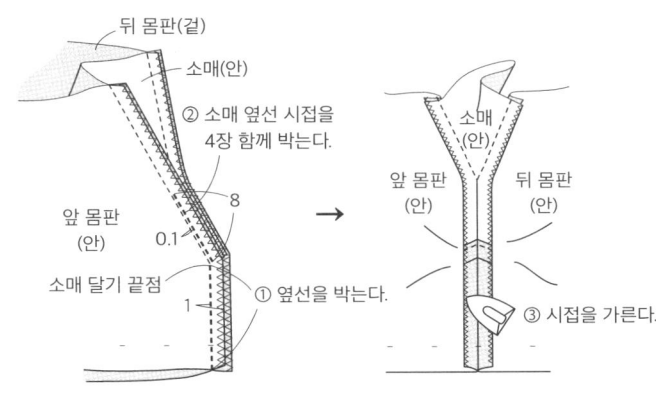

뒤 몸판(겉)
소매(안)
② 소매 옆선 시접을 4장 함께 박는다.
앞 몸판 (안)
8
0.1
소매 달기 끝점
① 옆선을 박는다.
1

소매 (안)
앞 몸판 (안) 뒤 몸판 (안)
③ 시접을 가른다.

N 스목

작품 25쪽 실물 크기 옷본 C면

✳ 완성 치수(80/90/95사이즈)
가슴둘레 79/84/87cm
기장 33/37.5/39.5cm

✳ 재료(80/90/95사이즈)
면·모 혼방 줄무늬 110cm 폭 90/95/100cm
면 보일 80×40cm(공통)
0.6cm 너비 납작 고무줄 61/66/69cm

<재단 배치도>

면·모 혼방 줄무늬

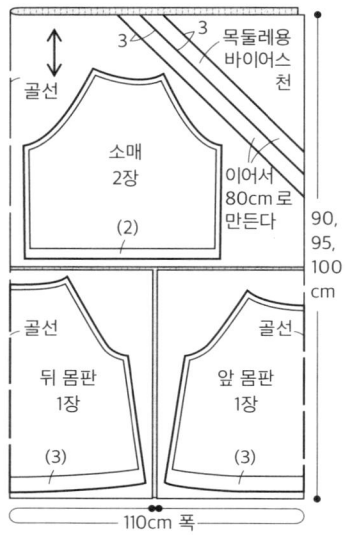

면 보일

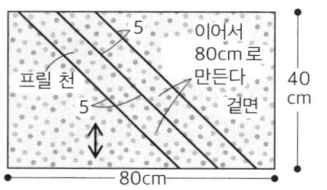

※ ( ) 안은 시접. 정해진 곳 이외의 시접은 1cm
※ 원단 필요량은 80/90/95 사이즈

<바느질 순서>

1. 재단 배치도를 참조하여 원단을 마른다.

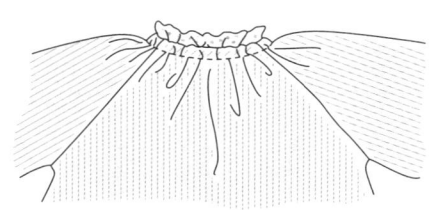

8. 목둘레와 소맷부리에 납작 고무줄을 끼운다.

4. 목둘레에 바이어스 천을 단다.

3. 목둘레에 프릴을 단다.

2. 소매를 단다.

6. 소맷부리를 박는다.

5. 소매 옆선에서부터 몸판 옆선까지 이어서 박는다.

7. 밑단을 박는다.

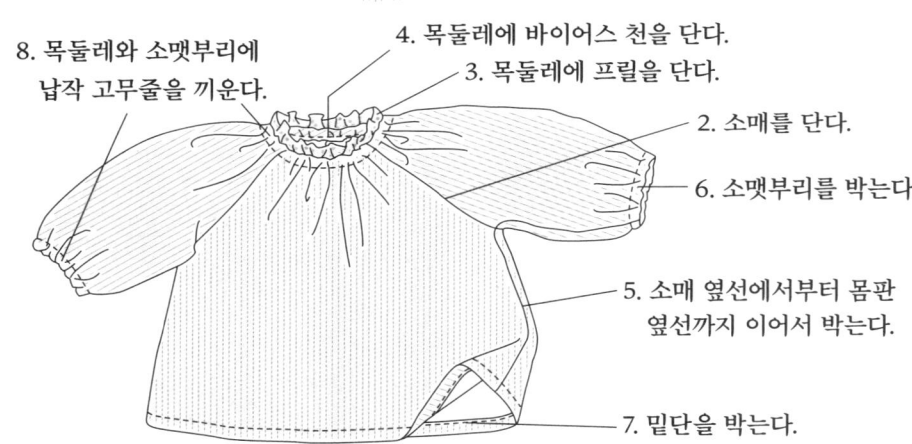

2. 소매를 단다.

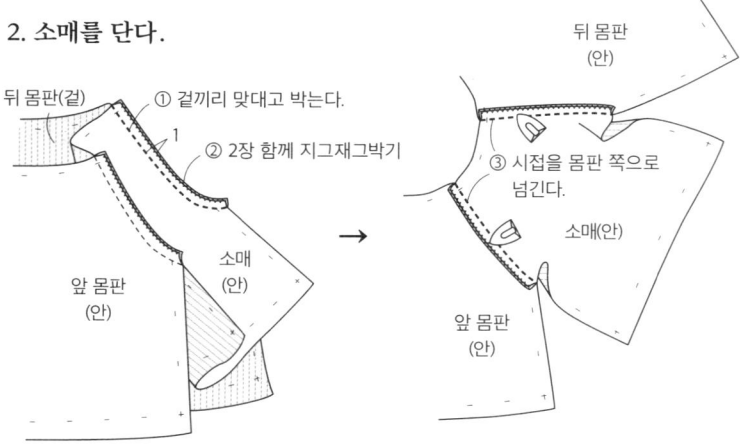

3. 목둘레에 프릴을 단다.

① 프릴 천을 이어서 반으로 접는다.

5 골선
프릴(겉)

② 뒤 중심에서 좌우 5cm씩 남기고 임시로 고정한다.

0.7 앞 몸판(안)
뒤 중심
프릴(겉)
소매(겉)
5 5
골선
소매(겉)
뒤 몸판(겉)

③ 프릴을 벌려서 겉끼리 맞대어 박고 남은 부분을 자른다.

뒤 중심
뒤 몸판(겉)
0.5
프릴(겉)

⑤ 남긴 부분을 박는다.
뒤 몸판(겉)
골선
④ 시접을 가르고 반으로 접는다.

바이어스 천 잇는 법

① 겉끼리 맞대고 박는다.
0.5
(안) (겉)

② 시접을 가른다
(안) (안)

③ 모서리 시접을 자른다.

4. 목둘레에 바이어스 천을 단다.

목둘레용 바이어스 천(안)
3
0.8
① 다려서 접는다.

앞 몸판(안)
1
0.5
⑤ 시접을 자른다.
뒤 중심
5 5
⑥ 바이어스 천을 안쪽으로 뒤집는다.
소매(겉)
소매(겉)
0.5
뒤 몸판(겉)
④ 남긴 부분을 박는다.

② 바이어스 천을 몸판 위 프릴과 겉끼리 맞대고 박는다.
③ 프릴과 같은 방법으로 박고 시접을 자른다.

프릴(겉) 뒤 중심
소매(안)
바이어스 천(겉)
3 고무줄 끼우는 구멍
뒤 몸판(안)
⑦ 고무줄 끼우는 구멍을 남기고 박는다.

5. 소매 옆선에서부터 몸판 옆선까지 이어서 박는다.

소매(안)
1
① 겉끼리 맞대고 박는다.
앞 몸판(안)

② 2장 함께 지그재그박기

③ 시접을 뒤쪽으로 넘긴다.
앞 몸판(안) 뒤 몸판(안)

6. 소맷부리를 박는다.

0.8
1.2
0.1
3
소매(안)

소맷부리를 두 번 접어서 고무줄 끼우는 구멍을 남기고 박는다.

7. 밑단을 박는다.

몸판(안)
0.1
1.3
1.7
두 번 접어서 박는다.

8. 목둘레와 소맷부리에 납작 고무줄을 끼운다.

프릴(겉)
바이어스 천(겉)
목둘레용 납작 고무줄 길이 29/32/34cm

① 납작 고무줄을 끼우고 고무줄 끝을 1cm 겹쳐서 꿰맨다.

② 고무줄 끼우는 구멍을 박는다.

소매(안)

소맷부리도 같은 방법으로 납작 고무줄을 끼우고 고무줄 끼우는 구멍을 박는다. 소맷부리용 납작 고무줄 길이 16/17/17.5cm 2줄

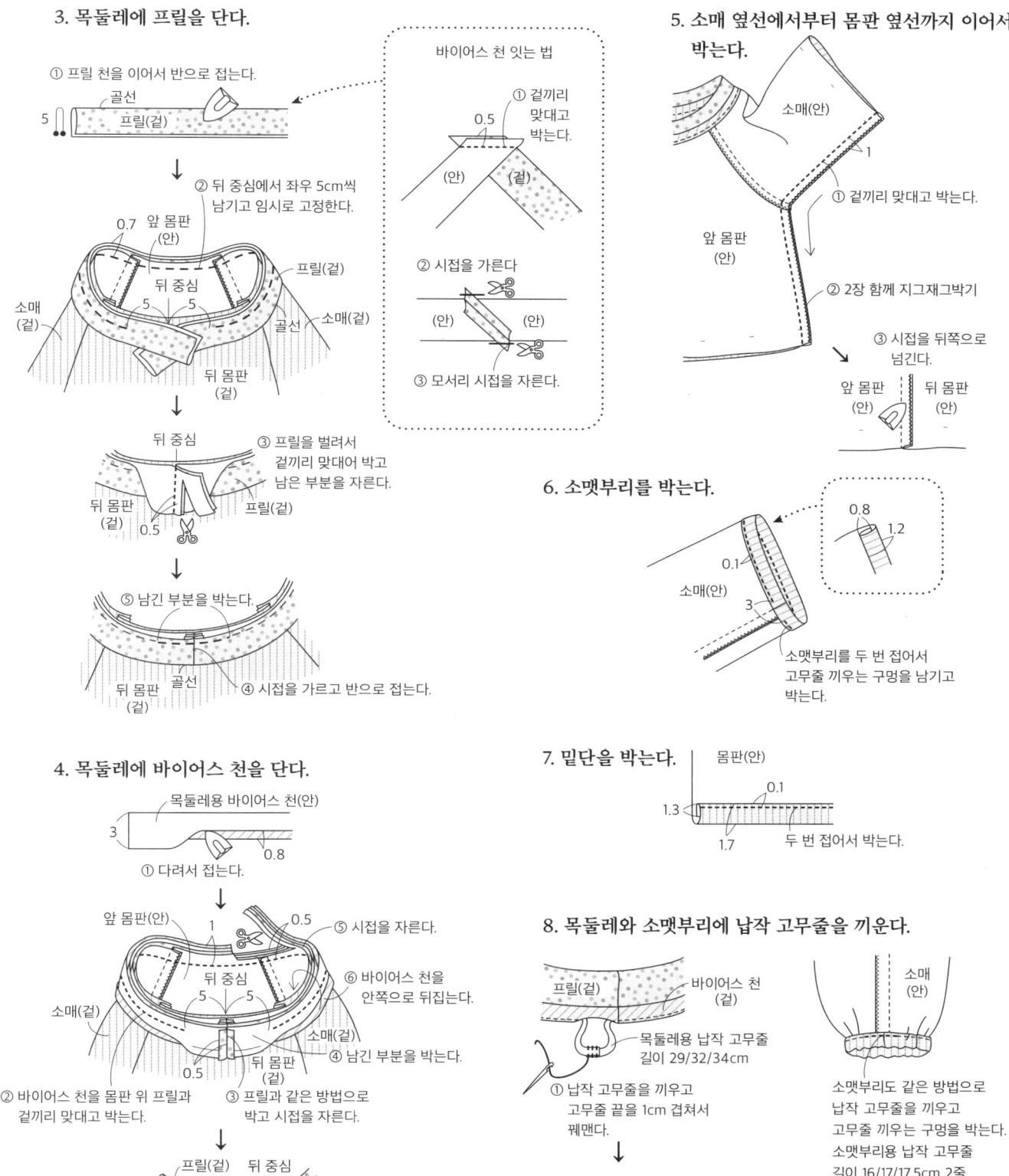

O 백크로스 양면 조끼 (분홍)

작품 26쪽 실물 크기 옷본 C면(O, P 공통)

✳ 완성 치수(80/90/95사이즈)
가슴둘레 60/62/64cm
기장 27.5/30/32cm

P 백크로스 양면 조끼 (회색)

작품 27쪽

✳ 재료 O, P 공통(80/90/95사이즈)
겉감A
면 혼방 니트 누빔지 170cm 폭 40cm(공통)
겉감B
리버티 프린트 110cm 폭 60/70/70cm
접착심지 12×12cm(공통)
지름 1.8cm 단추 1개(O) 2개(P)
지름 1.3cm 똑딱단추 1쌍(O만)

<재단 배치도>

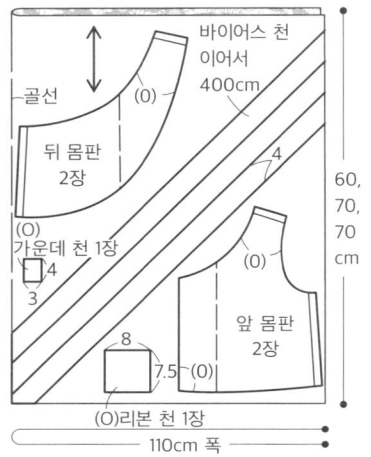

겉감B(리버티 프린트)

바이어스 천 이어서 400cm
골선
(O) 뒤 몸판 2장
(O) 가운데 천 1장
4
3
8
7.5 (O)
(O)리본 천 1장
(O) 앞 몸판 2장
60, 70, 70 cm
110cm 폭

겉감A(면 혼방 니트 누빔지)

골선
(O) 앞 몸판 2장
(O) 뒤 몸판 2장
(O)
40 cm (공통)
170cm 폭

<바느질 순서>

1. 재단 배치도를 참조하여 원단을 마른다.
2. 정해진 자리에 접착심지를 붙인다.
3. 겉감A, B의 어깨선과 옆선을 박는다.
4. 겉감A, B를 겹친다.
6. 목둘레, 진동둘레, 밑단을 박는다.

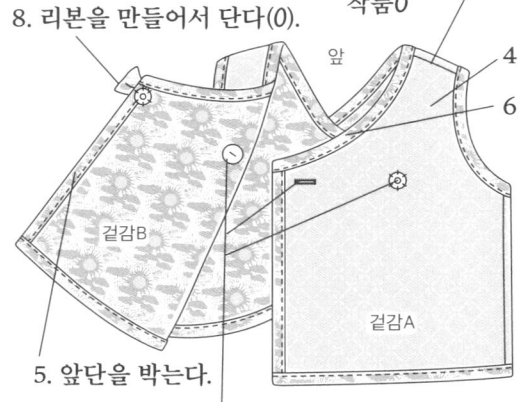

작품O
앞

8. 리본을 만들어서 단다(O).

겉감B

겉감A

5. 앞단을 박는다.

7. 단춧구멍을 만들고 단추와 똑딱단추를 단다.

뒤
겉감A
겉감B

※ ( ) 안은 시접. 정해진 곳 이외의 시접은 1cm
※ 원단 필요량은 80/90/95사이즈

2. 정해진 자리에 접착심지를 붙인다.

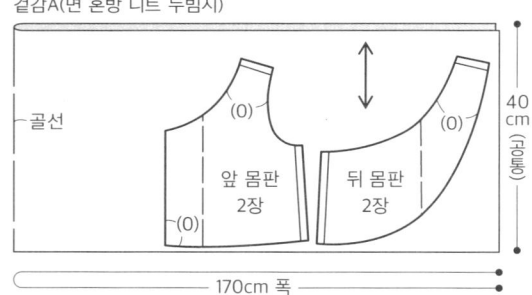

접착심지를 붙인다.
단춧구멍 자리
똑딱단추(凸) 다는 자리
2.5
2.5
똑딱단추(凹) 다는 자리
A 왼쪽 앞 몸판 (안)

2.5
2.5
단추 다는 자리
B 오른쪽 앞 몸판 (안)

3. 겉감A, B의 어깨선과 옆선을 박는다.

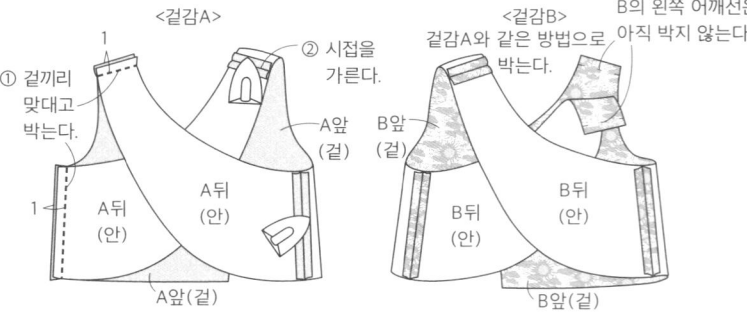

<겉감A>
① 겉끼리 맞대고 박는다.
1
② 시접을 가른다.
A앞(겉)
1
A뒤(안)
A뒤(안)
A앞(겉)

<겉감B>
겉감A와 같은 방법으로 박는다.
B의 왼쪽 어깨선은 아직 박지 않는다.
B앞(겉)
B뒤(안)
B뒤(안)
B앞(겉)

4. 겉감A, B를 겹친다.

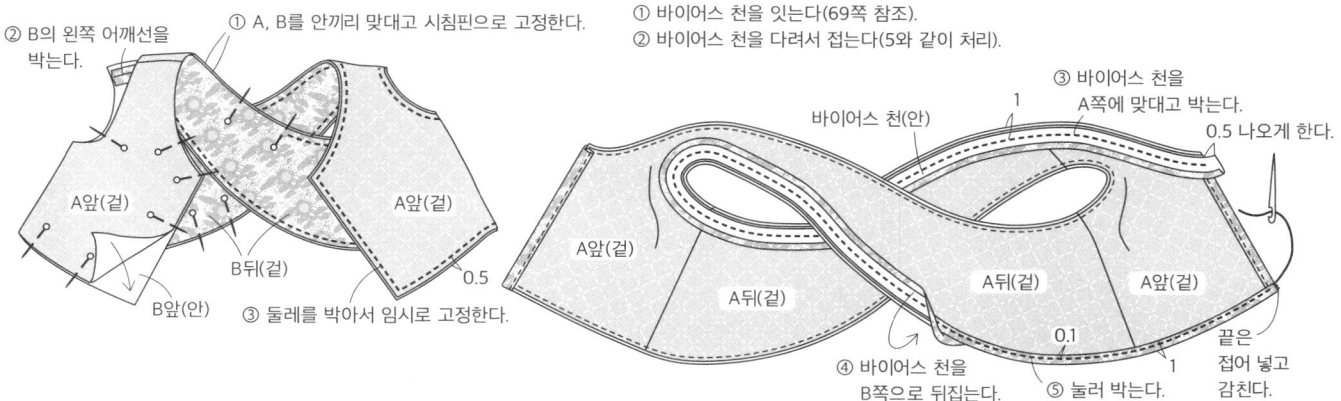

② B의 왼쪽 어깨선을 박는다.
① A, B를 안끼리 맞대고 시침핀으로 고정한다.
A앞(겉)
A앞(겉)
B뒤(겉)
0.5
B앞(안)
③ 둘레를 박아서 임시로 고정한다.

6. 목둘레, 진동둘레, 밑단을 박는다.

① 바이어스 천을 잇는다(69쪽 참조).
② 바이어스 천을 다려서 접는다(5와 같이 처리).

③ 바이어스 천을 A쪽에 맞대고 박는다.
바이어스 천(안)
1
0.5 나오게 한다.
A앞(겉)
A뒤(겉)
A뒤(겉)
A앞(겉)
A앞(겉)
0.1
끝은 접어 넣고 감친다.
④ 바이어스 천을 B쪽으로 뒤집는다.
⑤ 눌러 박는다.
1

5. 앞단을 박는다.

① 다려서 접는다.
0.9
4
2.2
0.9
바이어스 천(안)

② 겉끼리 맞대고 박는다.
1
A앞(겉)
0.1 들어가게 한다.
③ 바이어스 천을 B쪽으로 뒤집는다.
0.2
A앞(겉)
④ A쪽에서 눌러 박는다.
B앞(겉)

8. 리본을 만들어서 단다(0).

① 겉끼리 맞닿게 접어서 박는다.
7.5 골선
리본 천(안)
창구멍3
0.5

② 시접을 가르고 양 옆을 박는다.
0.5
0.5
③ 겉으로 뒤집는다.
④ 감친다.

가운데 천
(안)
0.5
⑤ 겉끼리 맞닿게 접어서 박는다.
⑥ 겉으로 뒤집어서 모양을 정리한다.
(겉)
⑦ 리본 가운데를 1.5cm 너비로 접는다.
앞쪽

⑨ 달아 준다.
A앞(겉)
뒤쪽
⑧ 가운데 천으로 감고 꿰매 준다.

<바느질 순서>
1과 3~6까지 0와 같은 방법으로 만든다.
7. 단춧구멍을 만들고 단추를 단다.

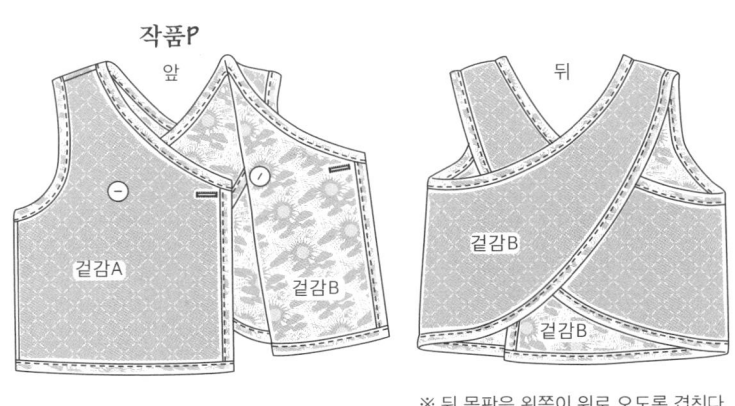

작품P
앞
겉감A
겉감B

뒤
겉감B
겉감B

※ 뒤 몸판은 왼쪽이 위로 오도록 겹친다.

2. 정해진 자리에 접착심지를 붙인다.

단춧구멍 자리
2.5
2.5
단추 다는 자리
A 왼쪽 앞 몸판(안)
B 왼쪽 앞 몸판(안)

단추 다는 자리
2.5
2.5
단춧구멍 자리
A 오른쪽 앞 몸판(안)

Q 세일러 셔츠(분홍)
작품 28쪽 실물 크기 옷본 D면
(Q, S 공통)

S 세일러 셔츠(파랑)
작품 29쪽

✳ 완성 치수(80/90/95사이즈)
가슴둘레 64/68.5/71cm
기장 32.5/36/38.5cm

✳ 재료 Q, S 공통(80/90/95사이즈)
면 샴브레이 110cm 폭 60/70/70cm
선염 가로 줄무늬 60×30cm(공통)
접착심지 50×30cm(공통)
지름 1cm 똑딱단추 1쌍(공통)
0.8cm 너비 납작 고무줄 36/38/39cm(Q만)

<재단 배치도>

면 샴브레이

뒤 안단 1장 (0.7)
소매 2장 (2.5)
골선
(0)
앞 안단 1장 (0.7)
(0)
(0.7)
골선
안쪽 가슴바대 1장
(0.7)
60, 70, 70 cm
골선 (0.7)
겉쪽 (0)
앞 몸판 1장 (3)
골선 뒤 몸판 1장 (3)
110cm 폭

선염 가로 줄무늬

(0.7) (0.7)
골선 겉 깃 1장
안 깃 1장 골선
30 cm (공통)
60cm

<바느질 순서>

1. 재단 배치도를 참조하여 원단을 마르고, 정해진 자리에 접착심지를 붙인다.

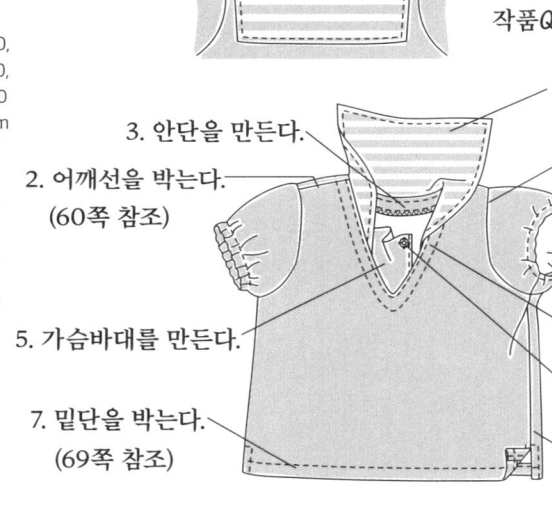

작품Q

3. 안단을 만든다.

2. 어깨선을 박는다.
(60쪽 참조)

5. 가슴바대를 만든다.

7. 밑단을 박는다.
(69쪽 참조)

4. 깃을 만든다.

10. 소매를 단다.
(47쪽 참조)

9. 소매를 만든다.

6. 깃과 가슴바대를 단다.

11. 똑딱단추를 단다.

8. 옆선을 박고 슬릿을 만든다.

※ ( ) 안은 시접. 정해진 곳 이외의 시접은 1cm
※ 원단 필요량은 80/90/95사이즈
▨ 뒤에 접착심지를 붙인다.

3. 안단을 만든다.

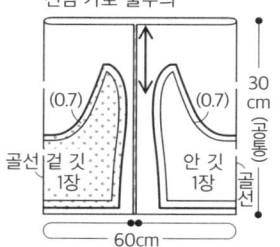

① 겉끼리 맞대고 박는다.
1
앞 안단 (안)
뒤 안단 (겉)

뒤 안단(안)
② 시접을 가른다.
③ 지그재그박기
앞 안단 (안)

4. 깃을 만든다.

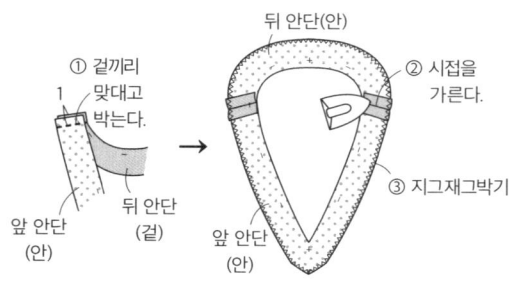

① 겉끼리 맞대고 박는다.
1
② 모서리 시접을 자른다.
겉 깃(안)
0.5
안 깃 (겉)
③ 시접을 자른다.
④ 곡선 부분에 가위집
⑤ 겉으로 뒤집는다.

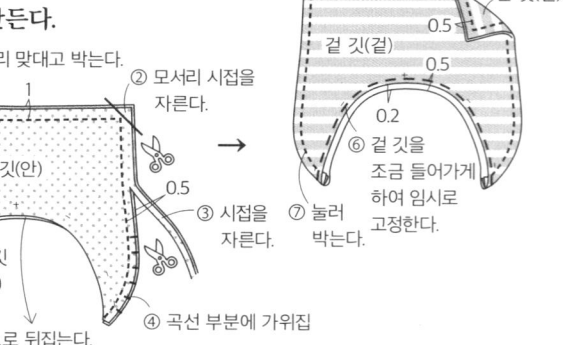

0.5
안 깃(겉)
0.5
겉 깃(겉)
0.5
0.2
⑥ 겉 깃을 조금 들어가게 하여 임시로 고정한다.
⑦ 눌러 박는다.

5. 가슴바대를 만든다.

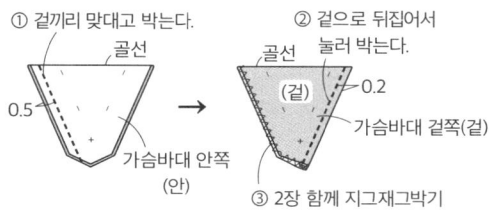

① 겉끼리 맞대고 박는다.
골선
0.5
가슴바대 안쪽 (안)

② 겉으로 뒤집어서 눌러 박는다.
골선
(겉)
0.2
가슴바대 겉쪽(겉)
③ 2장 함께 지그재그박기

6. 깃과 가슴바대를 단다.

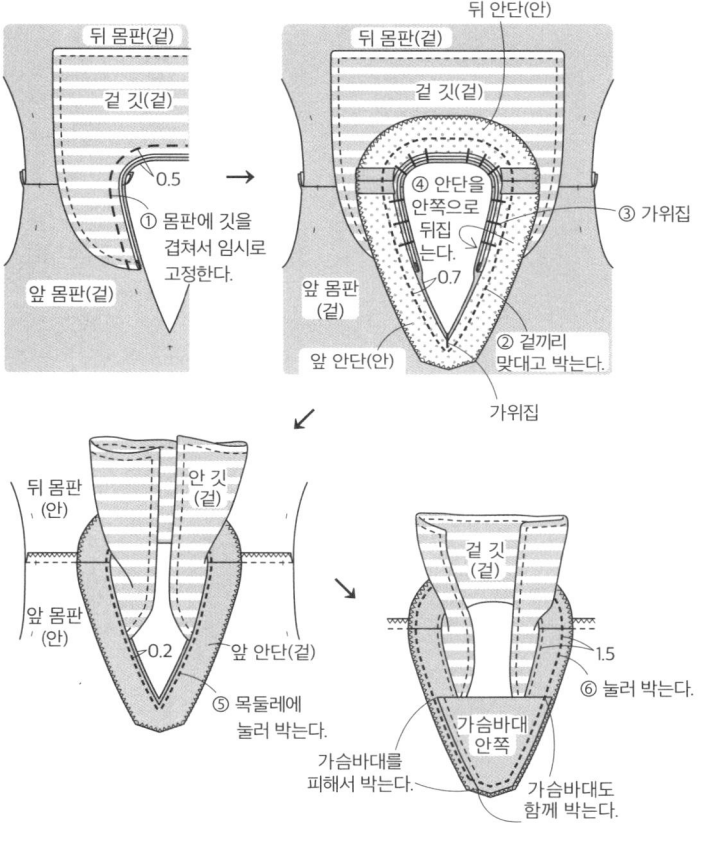

뒤 몸판(겉)
겉 깃(겉)
0.5
① 몸판에 깃을 겹쳐서 임시로 고정한다.
앞 몸판(겉)

뒤 안단(안)
겉 깃(겉)
④ 안단을 안쪽으로 뒤집는다.
③ 가위집
0.7
② 겉끼리 맞대고 박는다.
앞 안단(안)
앞 몸판(겉)
가위집

안 깃(겉)
뒤 몸판(안)
앞 몸판(안)
0.2
앞 안단(겉)
⑤ 목둘레에 눌러 박는다.
가슴바대를 피해서 박는다.

겉 깃(겉)
1.5
⑥ 눌러 박는다.
가슴바대 안쪽
가슴바대도 함께 박는다.

8. 옆선을 박고 슬릿을 만든다.

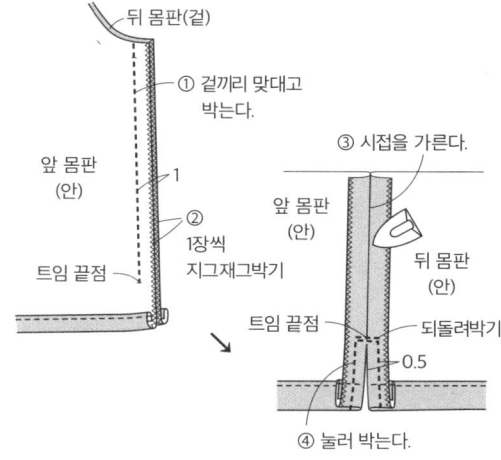

뒤 몸판(겉)
① 겉끼리 맞대고 박는다.
앞 몸판(안)
1
② 1장씩 지그재그박기
트임 끝점

③ 시접을 가른다.
앞 몸판(안)
뒤 몸판(안)
트임 끝점
되돌려박기
0.5
④ 눌러 박는다.

9. 소매를 만든다.

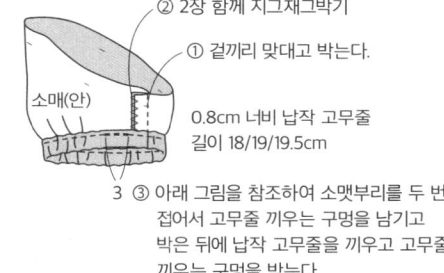

② 2장 함께 지그재그박기
① 겉끼리 맞대고 박는다.
소매(안)
0.8cm 너비 납작 고무줄
길이 18/19/19.5cm
3 ③ 아래 그림을 참조하여 소맷부리를 두 번 접어서 고무줄 끼우는 구멍을 남기고 박은 뒤에 납작 고무줄을 끼우고 고무줄 끼우는 구멍을 박는다.

11. 똑딱단추를 단다.

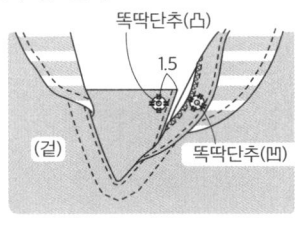

똑딱단추(凸)
1.5
(겉)
똑딱단추(凹)

작품S

<바느질 순서>
소매 만드는 법 이외에는 작품Q와 같음

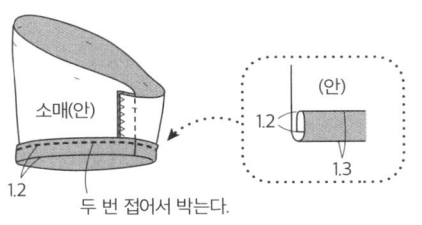

소매(안)
1.2
두 번 접어서 박는다.
(안)
1.2
1.3

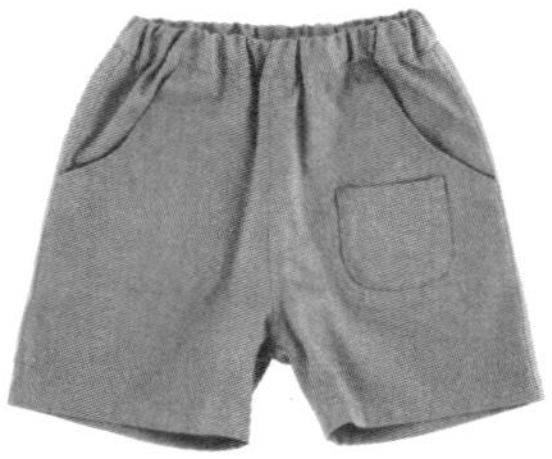

R 반바지

작품 28쪽 실물 크기 옷본 D면

✳ 완성 치수(80/90/95사이즈)

바지 기장 27.5/30/31.5cm

✳ 재료(80/90/95사이즈)

면 치노클로스 110cm 폭 70cm(공통)

1.5cm 너비 늘어남 방지 접착테이프 40cm(공통)

2cm 너비 납작 고무줄 41/43/44cm

(허리둘레에 맞춰서 조정)

<재단 배치도>

면 치노클로스

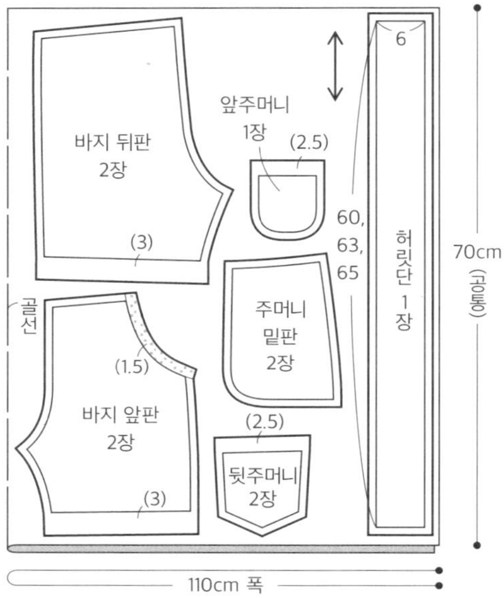

바지 뒤판
2장
(3)
앞주머니
1장
(2.5)
6
60,
63,
65
허릿단
1장
70cm
(공통)
골선
(1.5)
주머니
밑판
2장
바지 앞판
2장
(2.5)
뒷주머니
2장
(3)
110cm 폭

※ () 안은 시접. 정해진 곳 이외의 시접은 1cm

※ 원단 필요량은 80/90/95사이즈

뒤에 늘어남 방지 접착테이프를 붙인다.

<바느질 순서>

1. 재단 배치도를 참조하여 원단을 마른다.

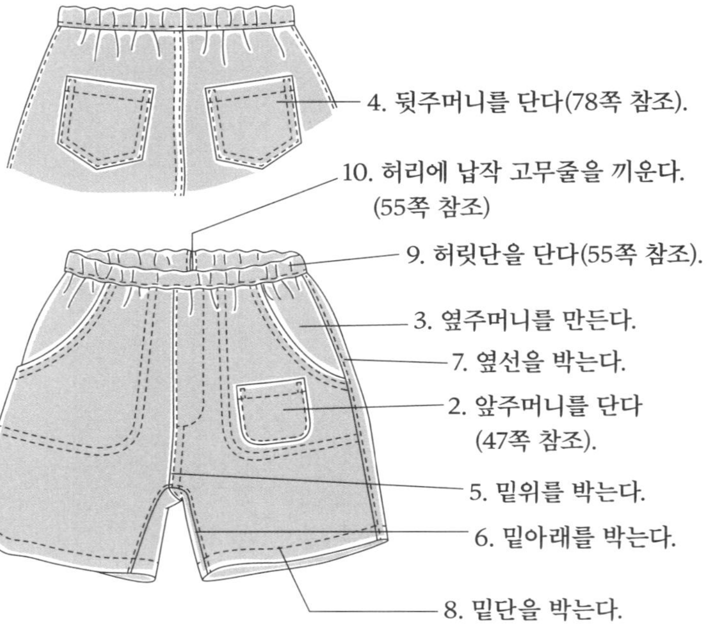

4. 뒷주머니를 단다(78쪽 참조).
10. 허리에 납작 고무줄을 끼운다.
(55쪽 참조)
9. 허릿단을 단다(55쪽 참조).
3. 옆주머니를 만든다.
7. 옆선을 박는다.
2. 앞주머니를 단다
(47쪽 참조).
5. 밑위를 박는다.
6. 밑아래를 박는다.
8. 밑단을 박는다.

2. 앞주머니를 단다.

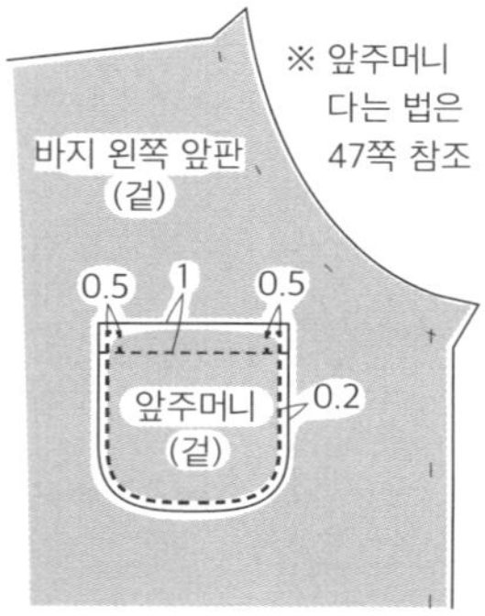

※ 앞주머니
다는 법은
47쪽 참조
바지 왼쪽 앞판
(겉)
0.5
1
0.5
앞주머니
(겉)
0.2

※ 앞주머니는 바지 왼쪽 앞판에만 단다.

3. 옆주머니를 만든다.

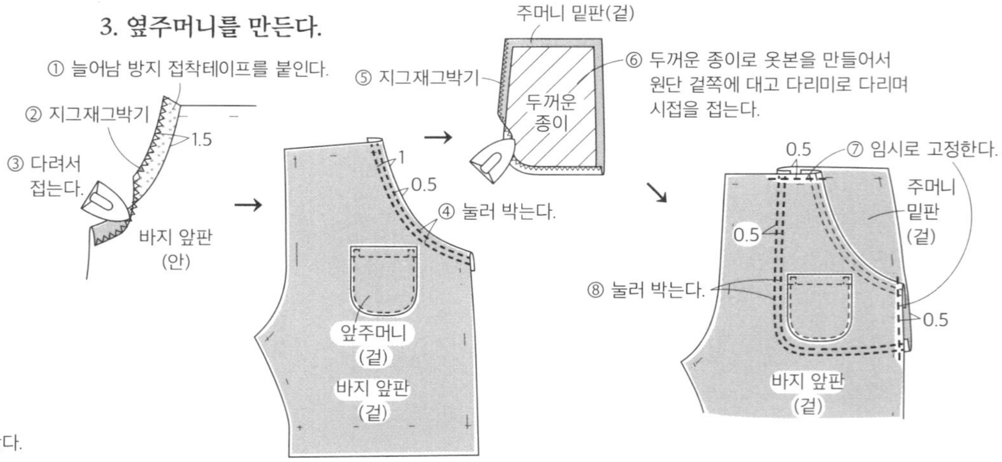

① 늘어남 방지 접착테이프를 붙인다.
② 지그재그박기
1.5
③ 다려서
접는다.
바지 앞판
(안)
1
0.5
④ 눌러 박는다.
앞주머니
(겉)
바지 앞판
(겉)
주머니 밑판(겉)
⑤ 지그재그박기
두꺼운
종이
⑥ 두꺼운 종이로 옷본을 만들어서
원단 겉쪽에 대고 다리미로 다리며
시접을 접는다.
0.5
⑦ 임시로 고정한다.
주머니
밑판
(겉)
0.5
⑧ 눌러 박는다.
0.5
바지 앞판
(겉)

4. 뒷주머니를 단다.

※ 뒷주머니 다는 법은 78쪽 참조

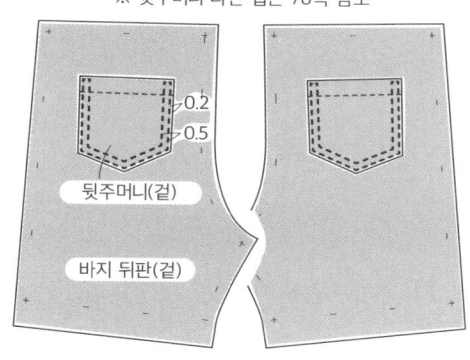

0.2
0.5
뒷주머니(겉)
바지 뒤판(겉)

5. 밑위를 박는다.

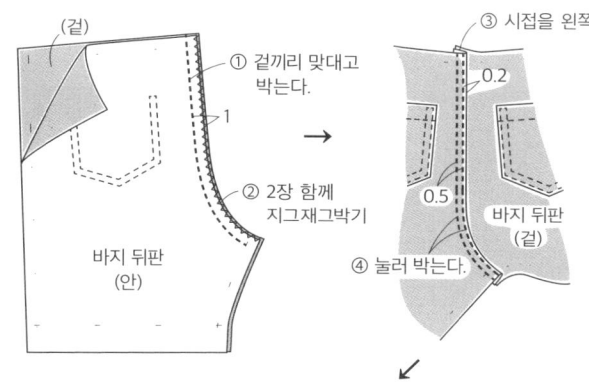

(겉)
① 겉끼리 맞대고 박는다.
1
② 2장 함께 지그재그박기
바지 뒤판 (안)

③ 시접을 왼쪽으로 넘긴다.
0.2
0.5
④ 눌러 박는다.
바지 뒤판 (겉)

⑤ 바지 앞판 밑위도 같은 방법으로 박은 뒤에 눌러 박는다.
3
0.2
바지 앞판 (겉)
0.5

6. 밑아래를 박는다.

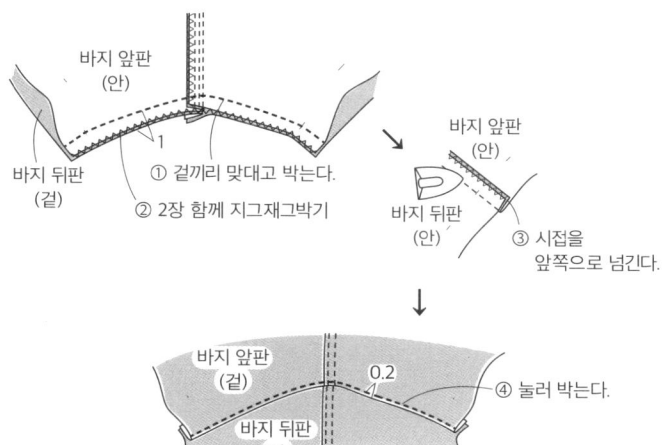

바지 앞판 (안)
바지 뒤판 (겉)
1
① 겉끼리 맞대고 박는다.
② 2장 함께 지그재그박기

바지 앞판 (안)
바지 뒤판 (안)
③ 시접을 앞쪽으로 넘긴다.

바지 앞판 (겉)
0.2
바지 뒤판 (겉)
④ 눌러 박는다.

7. 옆선을 박는다.

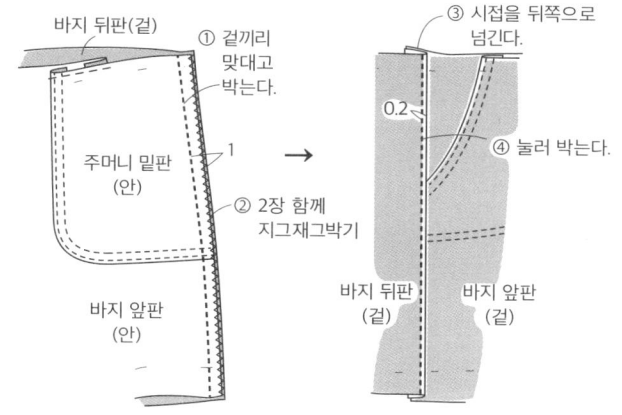

바지 뒤판(겉)
① 겉끼리 맞대고 박는다.
1
주머니 밑판 (안)
② 2장 함께 지그재그박기
바지 앞판 (안)

③ 시접을 뒤쪽으로 넘긴다.
0.2
④ 눌러 박는다.
바지 뒤판 (겉)
바지 앞판 (겉)

8. 밑단을 박는다.

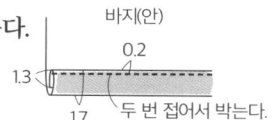

바지(안)
0.2
1.3
1.7
두 번 접어서 박는다.

9. 허릿단을 단다.

① 맞춤점을 표시한다.

16/16.5/17 28/30/31 16/16.5/17
1
접음선
허릿단(안)
1
뒤 중심 옆선 앞 중심 옆선 뒤 중심

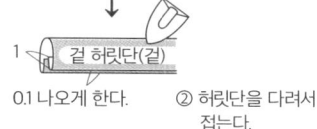

1
겉 허릿단(겉)
0.1 나오게 한다.
② 허릿단을 다려서 접는다.

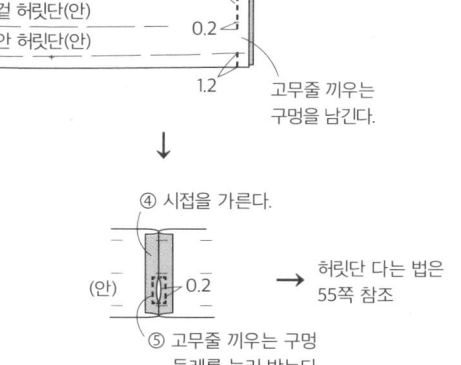

③ 옆선을 박는다.
겉 허릿단(안)
안 허릿단(안)
0.2
1.2
고무줄 끼우는 구멍을 남긴다.

④ 시접을 가른다.
(안)
0.2
⑤ 고무줄 끼우는 구멍 둘레를 눌러 박는다.

→ 허릿단 다는 법은 55쪽 참조

T 리넨 셔츠
작품 30쪽 실물 크기 옷본 D면(T, W 공통)

W 꽃무늬 셔츠
작품 34쪽

❋ 완성 치수(80/90/95사이즈)
가슴둘레 67.5/72.5/75cm
기장 37/40.5/42.5cm

❋ 재료(80/90/95사이즈)
민무늬 리넨(W는 리버티 프린트) 110cm 폭 90/95/100cm
접착심지 40×60cm(공통)
지름 1.2cm 단추 7개(공통)

<재단 배치도>

T=민무늬 리넨 W=리버티 프린트

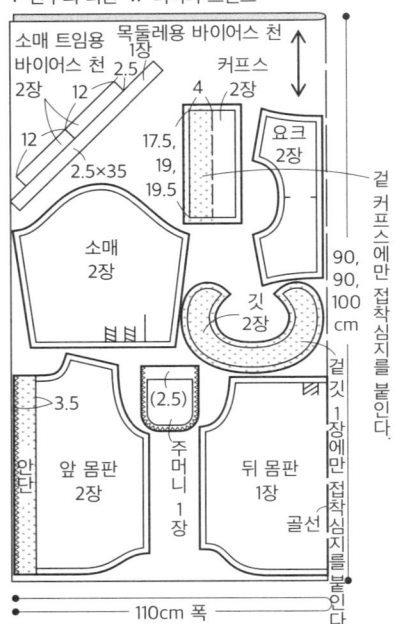

소매 트임용
바이어스 천 목둘레용 바이어스 천 1장
2장 12 2.5
12 커프스
2.5×35 4 2장

17.5,
19,
19.5

요크
2장

소매
2장

깃
2장

90,
90,
100
cm

겉 커프스에만 접착심지를 붙인다.

3.5
(2.5)

앞 몸판
2장

주머니
1장

뒤 몸판
1장

겉깃 1장에만 접착심지를 붙인다.

안단

골선

110cm 폭

겉단에만 접착심지를 붙인다.

※ ( ) 안은 시접. 정해진 곳 이외의 시접은 1cm
※ 원단 필요량은 80/90/95사이즈
▨ 뒤에 접착심지를 붙인다.
〰 지그재그박기로 처리한다.

<바느질 순서>

1. 재단 배치도를 참조하여 원단을 마르고, 정해진 자리에 접착심지를 붙인다.

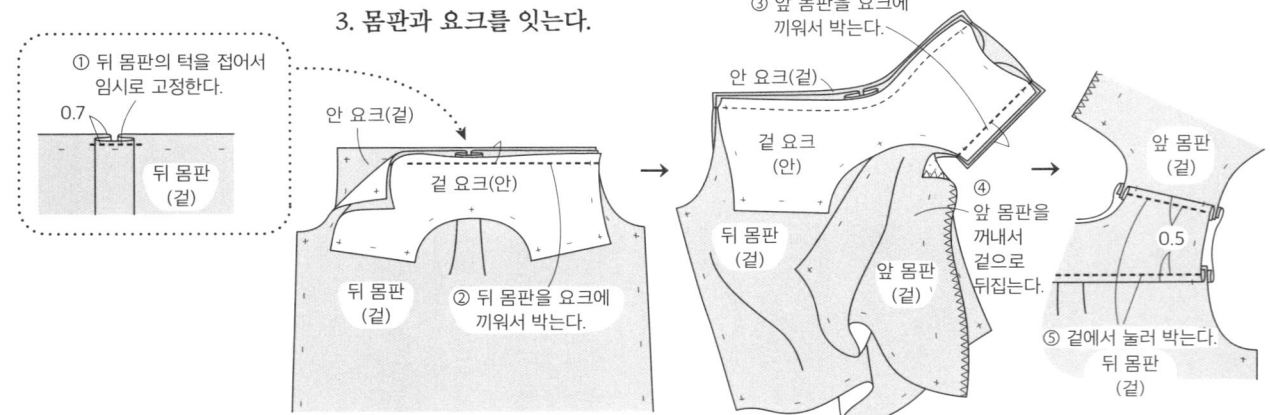

5. 소매를 단다(49쪽 참조).
4. 소매 트임을 만든다.
3. 몸판과 요크를 잇는다.
8. 깃을 만든다.
9. 깃을 단다.
2. 주머니를 만들어서 단다.(47쪽 참조)
6. 소매 옆선에서부터 몸판 옆선까지 이어서 박는다(49쪽 참조).
7. 앞단과 밑단을 박는다.
10. 커프스를 만들어서 단다.
11. 앞트임과 커프스에 단춧구멍을 만들고 단추를 단다.

3. 몸판과 요크를 잇는다.

① 뒤 몸판의 턱을 접어서 임시로 고정한다.
0.7
뒤 몸판(겉)

안 요크(겉)
겉 요크(안)
뒤 몸판(겉)
② 뒤 몸판을 요크에 끼워서 박는다.

③ 앞 몸판을 요크에 끼워서 박는다.
안 요크(겉)
겉 요크(안)
뒤 몸판(겉)
앞 몸판(겉)
④ 앞 몸판을 꺼내서 겉으로 뒤집는다.

앞 몸판(겉)
0.5
⑤ 겉에서 눌러 박는다.
뒤 몸판(겉)

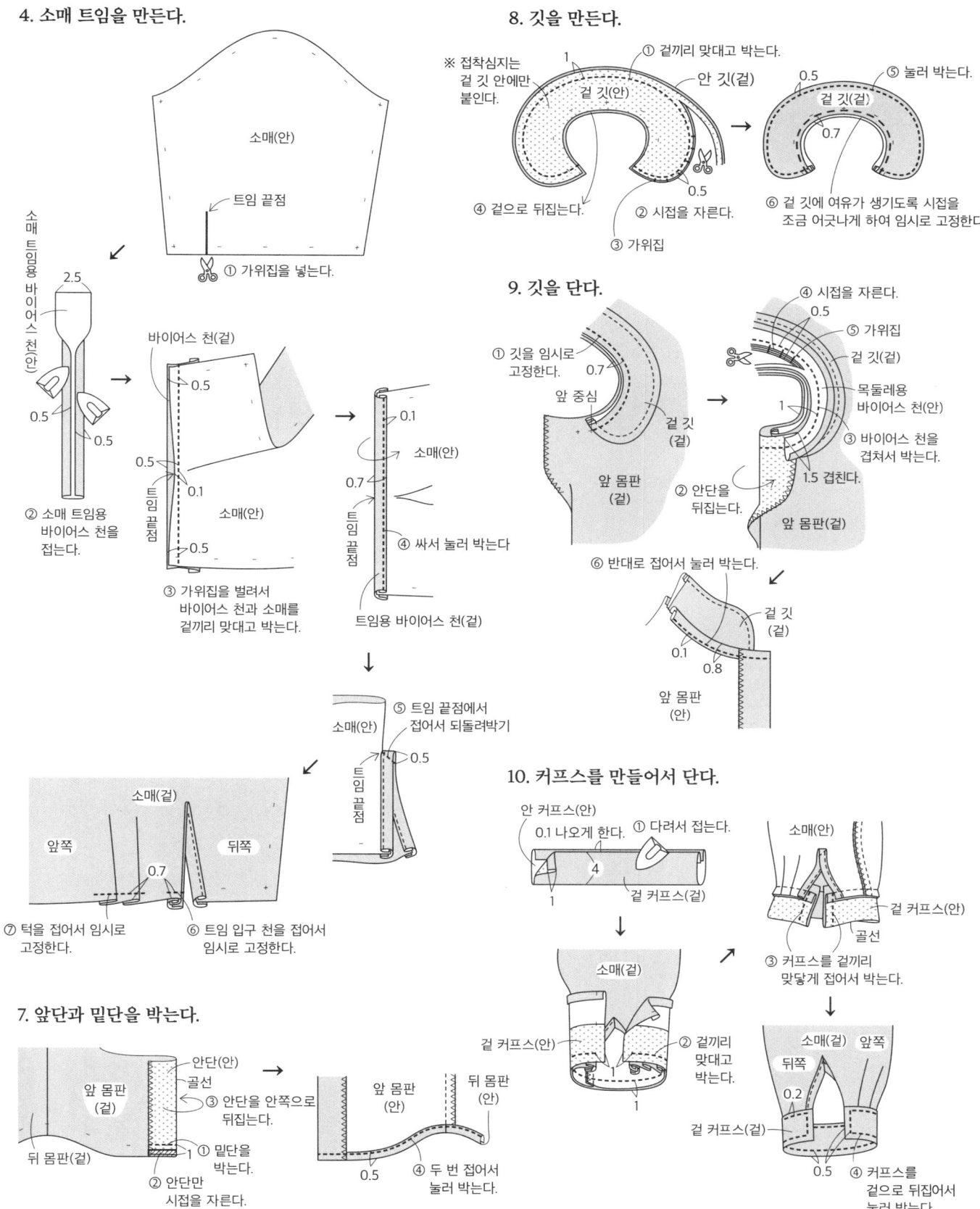

4. 소매 트임을 만든다.

소매(안)

트임 끝점

① 가위집을 넣는다.

소매 트임용 바이어스 천(안)

2.5

0.5

0.5

② 소매 트임용 바이어스 천을 접는다.

바이어스 천(겉)

0.5

0.1

트임 끝점

0.5

소매(안)

0.1

③ 가위집을 벌려서 바이어스 천과 소매를 겉끼리 맞대고 박는다.

0.1

소매(안)

0.7

트임 끝점

④ 싸서 눌러 박는다

트임용 바이어스 천(겉)

⑤ 트임 끝점에서 접어서 되돌려박기

소매(안)

0.5

트임 끝점

소매(겉)

앞쪽

0.7

뒤쪽

⑦ 턱을 접어서 임시로 고정한다.

⑥ 트임 입구 천을 접어서 임시로 고정한다.

7. 앞단과 밑단을 박는다.

앞 몸판(겉)

뒤 몸판(겉)

안단(안)

골선

③ 안단을 안쪽으로 뒤집는다.

1 ① 밑단을 박는다.

② 안단만 시접을 자른다.

앞 몸판(안)

뒤 몸판(안)

0.5

④ 두 번 접어서 눌러 박는다.

8. 깃을 만든다.

※ 접착심지는 겉 깃 안에만 붙인다.

1

① 겉끼리 맞대고 박는다.

안 깃(겉)

겉 깃(안)

0.5

0.5

④ 겉으로 뒤집는다.

② 시접을 자른다.

③ 가위집

0.5

겉 깃(겉)

0.7

⑤ 눌러 박는다.

⑥ 겉 깃에 여유가 생기도록 시접을 조금 어긋나게 하여 임시로 고정한다.

9. 깃을 단다.

① 깃을 임시로 고정한다.

0.7

앞 중심

겉 깃(겉)

앞 몸판(겉)

② 안단을 뒤집는다.

④ 시접을 자른다.

0.5

⑤ 가위집

겉 깃(겉)

1

목둘레용 바이어스 천(안)

③ 바이어스 천을 겹쳐서 박는다.

1.5 겹친다.

앞 몸판(겉)

⑥ 반대로 접어서 눌러 박는다.

겉 깃(겉)

0.1

0.8

앞 몸판(안)

10. 커프스를 만들어서 단다.

안 커프스(안)

0.1 나오게 한다.

① 다려서 접는다.

4

1

겉 커프스(겉)

소매(겉)

겉 커프스(안)

골선

③ 커프스를 겉끼리 맞닿게 접어서 박는다.

소매(겉)

겉 커프스(안)

② 겉끼리 맞대고 박는다.

1

소매(겉) 앞쪽

뒤쪽

0.2

겉 커프스(겉)

0.5

④ 커프스를 겉으로 뒤집어서 눌러 박는다.

U 라운드 셔츠
작품 32쪽 실물 크기 옷본 D면

※ 완성 치수(80/90/95사이즈)
　가슴둘레 67.5/73/76cm
　기장 35.5/38.5/41cm

※ 재료(80/90/95사이즈)
　레졸리바드 110cm 폭 70/80/85cm
　면 줄무늬 20×10cm(공통)
　지름 1.1cm 단추 1개(공통)
　※ 목둘레가 조금 작아서 크게 만들고 싶을
　때는 뒤 몸판의 트임 끝점을 내려서 조정합니다.

<재단 배치도>

레졸리바드

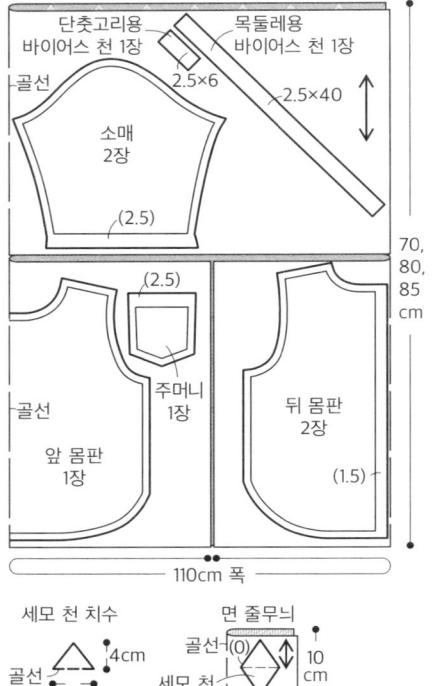

※ ( ) 안은 시접. 정해진 곳 이외의 시접은 1cm
※ 원단 필요량은 80/90/95사이즈

<바느질 순서>

1. 재단 배치도를 참조하여 원단을 마른다.

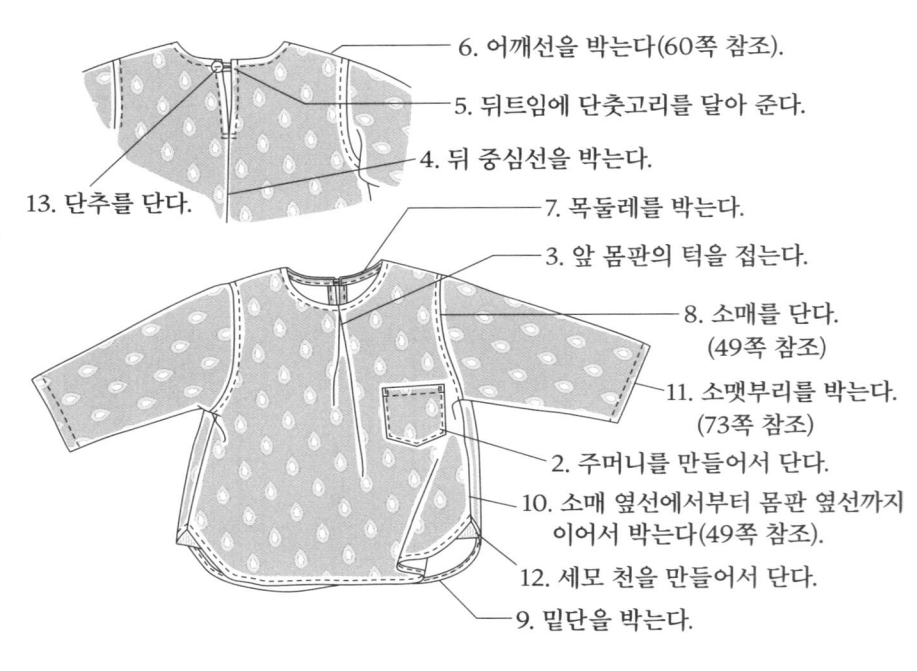

6. 어깨선을 박는다(60쪽 참조).
5. 뒤트임에 단춧고리를 달아 준다.
4. 뒤 중심선을 박는다.
13. 단추를 단다.
7. 목둘레를 박는다.
3. 앞 몸판의 턱을 접는다.
8. 소매를 단다. (49쪽 참조)
11. 소맷부리를 박는다. (73쪽 참조)
2. 주머니를 만들어서 단다.
10. 소매 옆선에서부터 몸판 옆선까지 이어서 박는다(49쪽 참조).
12. 세모 천을 만들어서 단다.
9. 밑단을 박는다.

2. 주머니를 만들어서 단다.

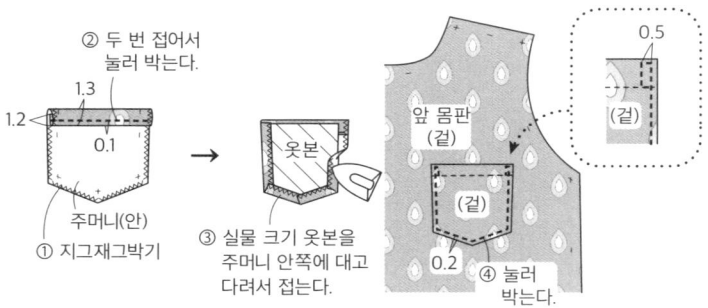

3. 앞 몸판의 턱을 접는다.

4. 뒤 중심선을 박는다.

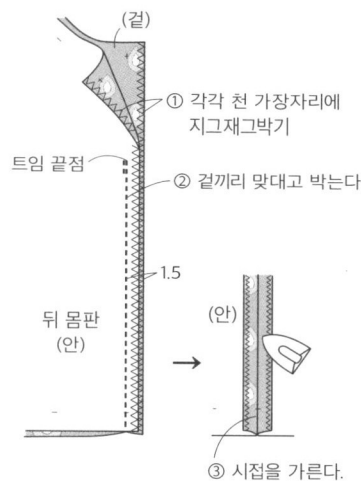

① 각각 천 가장자리에
지그재그박기

틈임 끝점

② 겉끼리 맞대고 박는다.

1.5

뒤 몸판
(안)

(안)

(안)

③ 시접을 가른다.

5. 뒤트임에 단춧고리를 달아 준다.

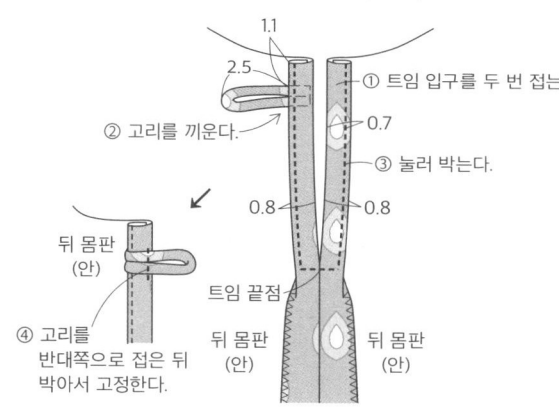

1.1

2.5

① 틈임 입구를 두 번 접는다.

② 고리를 끼운다.

0.7

③ 눌러 박는다.

0.8   0.8

뒤 몸판
(안)

④ 고리를
반대쪽으로 접은 뒤
박아서 고정한다.

틈임 끝점

뒤 몸판
(안)

뒤 몸판
(안)

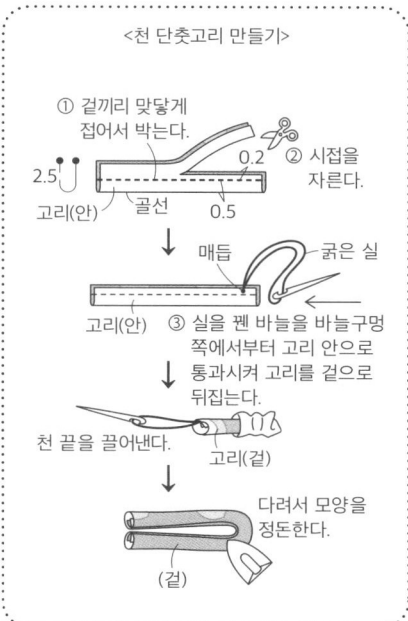

<천 단춧고리 만들기>

① 겉끼리 맞닿게
접어서 박는다.

② 시접을
자른다.

0.2

2.5

고리(안)   골선   0.5

매듭   굵은 실

③ 실을 꿴 바늘을 바늘구멍
쪽에서부터 고리 안으로
통과시켜 고리를 겉으로
뒤집는다.

고리(안)

천 끝을 끌어낸다.

고리(겉)

다려서 모양을
정돈한다.

(겉)

7. 목둘레를 박는다.

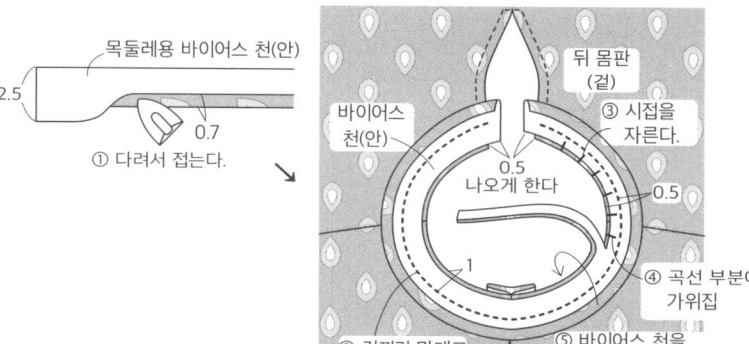

목둘레용 바이어스 천(안)

2.5

0.7

① 다려서 접는다.

뒤 몸판
(겉)

바이어스
천(안)

③ 시접을
자른다.

0.5
나오게 한다

0.5

④ 곡선 부분에
가위집

② 겉끼리 맞대고
박는다.

⑤ 바이어스 천을
안쪽으로 뒤집는다.

앞 몸판
(겉)

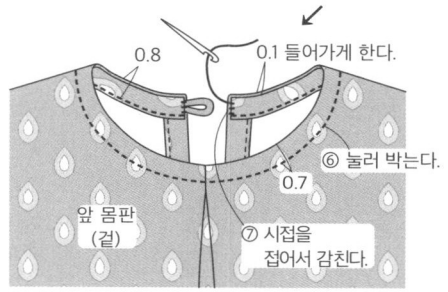

0.8

0.1 들어가게 한다.

⑥ 눌러 박는다.

0.7

앞 몸판
(겉)

⑦ 시접을
접어서 감친다.

9. 밑단을 박는다.

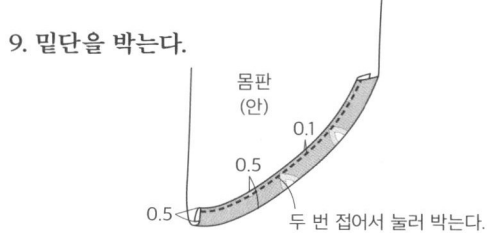

몸판
(안)

0.1

0.5

0.5

두 번 접어서 눌러 박는다.

12. 세모 천을 만들어서 단다.

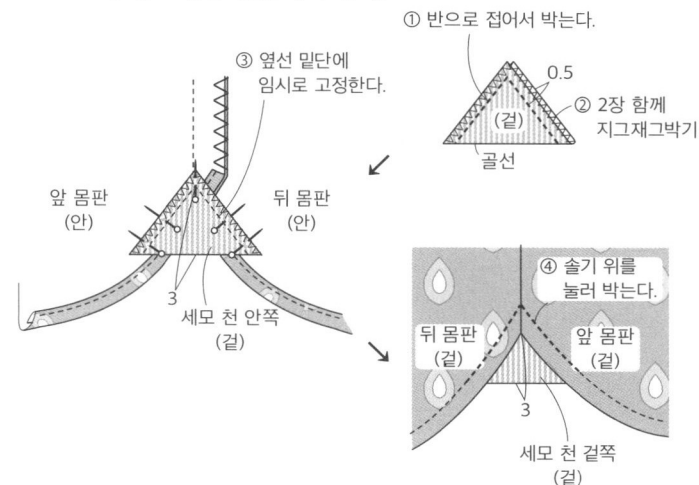

① 반으로 접어서 박는다.

0.5

(겉)

② 2장 함께
지그재그박기

골선

③ 옆선 밑단에
임시로 고정한다.

앞 몸판
(안)

뒤 몸판
(안)

세모 천 안쪽
(겉)

3

④ 솔기 위를
눌러 박는다.

뒤 몸판
(겉)

앞 몸판
(겉)

3

세모 천 겉쪽
(겉)

지은이 아사이 마키코
문화복장학원 어패럴 디자인과를 졸업하고, 봉제 회사를 거쳐서 기성복 회사에서 디자인과 봉제를 담당하였다. 2010
년부터 핸드메이드 아동복 인터넷 쇼핑몰 'enanna'를 운영 중이다. 남편, 딸과 함께 세 식구가 오붓하게 살고 있다.
http://enanna.shop-pro.jp/

옮긴이 남궁가윤
이화여자대학교와 한국방송통신대학교에서 전산학과 일본학을 공부하고 바른번역 아카데미에서 출판번역과정을
마쳤다. 일본 책을 번역하는 틈틈이 출판사에 좋은 책을 소개하고 있다. 옮긴 책으로는《조그만 천을 이어 만드는 패
치워크 퀼트 DIY》,《사랑스러운 아기 옷 손뜨개》,《북유럽 조끼 손뜨개》등 다수가 있다.

엄마가 만드는 아이 옷

1판 1쇄 발행 2015년 7월 1일

지은이	enanna 아사이 마키코
옮긴이	남궁가윤

발행인	이상영
편집인	서상민, 김희진
디자인	오소명
마케팅	윤미인
펴낸곳	디자인이음

등록일	2009년 2월 4일 : 제 300-2009-10호
주소	서울시 종로구 자하문로24길 20 이음빌딩 501
전화	02-723-2556
팩스	02-723-2557
이메일	designeum@naver.com
블로그	blog.naver.com/designeum
페이스북	facebook.com/designeumbook

값 12,000원
ISBN 978-89-94796-45-1 14590